商业空间设计与呈现研究

孙晓雨 著

北京燕山出版社

图书在版编目（ＣＩＰ）数据

商业空间设计与呈现研究 / 孙晓雨著 . — 北京：
北京燕山出版社 , 2022.8
ISBN 978-7-5402-6636-3

Ⅰ . ①商… Ⅱ . ①孙… Ⅲ . ①商业建筑—室内装饰设
计 Ⅳ . ① TU247

中国版本图书馆 CIP 数据核字（2022）第 161893 号

商业空间设计与呈现研究

著者：孙晓雨
责任编辑：战文婧
封面设计：马静静
出版发行：北京燕山出版社有限公司
社址：北京市丰台区东铁匠营苇子坑 138 号
邮编：100079
电话传真：86-10-65240430（总编室）
印刷：北京亚吉飞数码科技有限公司
成品尺寸：170mm×240mm
字数：206 千字
印张：12.25
版别：2023 年 4 月第 1 版
印次：2023 年 4 月第 1 次印刷
ISBN：978-7-5402-6636-3
定价：78.00 元

前 言 ：

　　在当今社会的发展中,商业展示是现代城市的重要经济活动之一,是一个城市或国家对外的形象窗口。商业展示以其强烈的直观性、参与性,在如今的社会、信息、商业、现代媒体等领域都取得了一定成就,并形成了"商展产业"。随着上海世博会、北京冬奥会以及各种商业性的会展成为中国经济增长的一个热点,展示设计面临着巨大的需求。我国的展示设计专业正处于与国际接轨的关键时刻,市场需要一批有着先进展示设计理念、方法以及经验的优秀设计人才。此外,随着人们在城市中的不断集聚,城市居民对商业空间的需求也越来越多。近些年,商业空间已经成为我们城市生活中不可或缺的一部分,为人们的购物、休闲、娱乐提供了丰富的场所,也逐渐承担着越来越重要的城市功能作用。越来越多的商业综合体出现在我们的面前,城市商业综合体需求旺盛,城市商业空间发展迅猛,使得商业空间设计成为大众关注的焦点。为了促进现代城市和谐发展,必须重视加强商业空间设计的研究、商业空间设计人才的培养,更加合理地利用城市空间,促进城市空间和谐,确保城市商业的繁荣和稳健发展。

　　商业空间包括了购物、旅游、娱乐、饮食等各式为人们提供商业服务的项目,本书对商业空间设计的实践进行论述,在写作过程中收集了大量的国内外最新的展示资料,以最新的展示理论为基础,又结合室内设计、环境艺术、平面设计等专业的相关内容,以大量形象、直观的展示图片来诠释展示的原理与法则。在内容上采用了由浅入深、循序渐进的编排方式,以便尽可能满足展示设计在实际应用中的需要。本书最大的亮点就是知识结构严谨,插图具有典型性,大量优秀的展示案例使得阅读过程更加有趣和生动。

全书共分为八个章节。第一章是商业空间概述部分,主要阐释商业空间的沿革与发展趋势、商业空间功能分区、商业空间设计风格等方面的内容。第二章从商业空间设计的基础与原理方面展开,包括人机工程学原理、环境心理学和消费心理学。第三章阐释了商业空间设计的原则、程序与表达。第四章和第五章对商业空间的室内外设计进行了分析,室内设计包含色彩设计、照明设计、材质设计、家具与陈列设计等内容;室外设计包括选址、入口、门头等方面的设计。第六章内容以专题形式展开,重点阐述了展卖空间、餐饮空间、酒店空间和休闲娱乐空间四个专题的设计。第七章和第八章分别阐述了商业街的设计和提供了商业空间设计的案例赏析。理论联系实际是本书努力追求的一大特色,本书在写作时注重了商业购物环境与购物心理上的论述,并结合国内外真实案例,详细讲述了商业空间设计的工作流程和工作方法。

商业空间在给城市带来经济效益的同时,也提升了城市的形象。高质量的商业空间,还可以吸引更多的投资,带动当地经济发展。一个商业空间的规模品质往往离不开高质量的空间设计方案,因此商业空间的设计师要与时俱进,不断对设计理念和方式进行创新,使商业空间的设计更加合理科学,不断满足消费者的物质需求和精神追求。

本书撰写得益于诸多前辈的研究成果,本人既受益匪浅,也深感自身所存在的不足。在撰写过程中虽然力求理论清晰、观点创新,但由于水平有限,难免会出现问题和不足之处,希望读者阅读本书之后,在得到收获的同时对本书提出更多的批评建议,也希望有更多的学者可以继续对商业空间的设计与呈现进行研究与探索,促进我国商业空间设计的发展。

作　者

2022 年 3 月

目录……

第一章

概述

在当今社会的发展中,商业展示是现代城市的重要经济活动之一,是一个城市或国家对外的形象窗口。商业展示以其强烈的直观性、参与性,在如今的社会、信息、商业、现代媒体等领域都取得了一定成就,并形成了"商展产业"。如今,越来越多的商业综合体出现在我们的面前,城市商业综合体需求旺盛,城市商业空间发展迅猛,使得商业空间设计成为大众关注的焦点。本章主要阐述了商业空间概念与商业空间设计概念、商业空间功能分区、商业空间设计风格,并对商业空间设计的发展趋势以及动态通过图文并茂的形式进行了分析和探讨。

第一节 商业空间的概念与商业空间设计的概念

一、商业空间的概念

商业空间是指与社会商业活动有关的各类空间形态,即实现商品交换、满足消费者需求、实现商品流通的空间环境。商业空间形态众多,各类商业卖场(图1-1至图1-3)、酒店(图1-4至图1-6)、餐饮店(图1-7、图1-8)、展览馆(图1-9)、步行街(图1-10至图1-13)、专卖店(图1-14至图1-16)、美容美发店(图1-17、图1-18)等空间均可以包含在内。

图1-1 商场购物环境

图 1-2　商场日用百货购物环境　　　　　图 1-3　超市购物环境

图 1-4　酒店环境

图 1-5　酒店环境　　　　　　　图 1-6　酒店环境

图 1-7　餐厅环境　　　　　　　图 1-8　成都春熙路龙抄手美食店

图 1-9　艺术展览馆

图 1-10　南京东路步行街

图 1-11　繁华步行街夜景

图 1-12　武汉江汉路步行街

图 1-13　上海南京路商业步行街

图 1-14　现代地板专卖店

图 1-15 瓷砖陶瓷建材专卖店

图 1-16 服装专卖店

图 1-17 美容美发店

图 1-18 美容美发店

在商业空间中,"商品"是第一核心要素,"销售服务"是主要行为模式,而"消费者"和"经营者"是主体。商业空间设计是围绕"商品"和"销售服务"这两个核心要素开展的。

二、商业空间的基本要素

商业空间基本特点包括室内外空间与设施要素。商业空间的店面包括门头(图1-19)、橱窗(图1-20、图1-21)等,很大程度代表了一个商业空间的经营性质与理念。门店空间以多样的陈设手法去展现所经营的商品和类型,并达到较为强烈的可辨识度要求。室内空间的顶地墙、隔断要素完成商业空间功能和表现。

图1-19　某门头外观效果图

图1-20　咖啡馆橱窗

图 1-21　复古杂货店橱窗

（一）室内外空间要素

（1）顶地墙。它是室内空间围合与构成的基本要素。

（2）入口（图 1-22、图 1-23）。入口空间形态与经营类型相互关联。

图 1-22　电影院入口

图1-23 法国巴黎卢浮宫全景金字塔入口

（3）大门（图1-24、图1-25）。高门、宽门、封闭与通透门，产生不同的商业效果。

图1-24 商业大厦大门

图1-25 小区楼盘大门

（4）雨棚。尺度、前伸长短和形态，是构成店面形象的主要要素。

（5）标志（图1-26）。牌匾（图1-27）、字体、标志，与门店空间一体化特色构成。

图1-26　美国洛杉矶环球影城入口标志

图1-27　牌匾

（6）色彩。门、门框、柱、墙色彩和材质特点，如图1-28、图1-29。

图 1-28　北海道小樽抹茶店

图 1-29　店铺

（7）橱窗。独立式和通透式橱窗与外立面空间的整体构成，如图 1-30、图 1-31。

（8）照明。外立面和室内照明是经营氛围塑造、标志与形象要素。如图 1-32 至图 1-35。

图 1-30　橱窗

图 1-31　橱窗

图 1-32　商场照明

图 1-33   商场照明

图 1-34   商场照明

图 1-35   商场照明

（二）家具设施要素

（1）销售性家具设施。如收银台（图1-36、图1-37）、货架（图1-38）、橱柜等。

图1-36 超市收银台

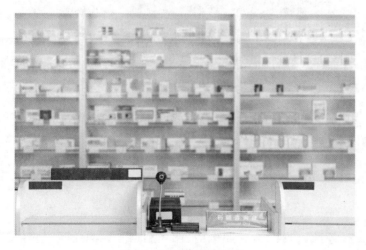

图1-37 药店收银台

图 1-38　商场货架

（2）陈设家具设施（图 1-39、图 1-40）。商场的展柜是表现商品的主要载体。

图 1-39　商场家具设施

（3）服务性家具设施。如桌椅、服务台（图 1-41）等，是落实销售过程的必要设施要素。

图 1-40　商场家具设施

图 1-41　机场行李托运服务台

（4）装饰设施。由环境标志、空间视觉中心装饰、空间装饰构成。

三、商业空间设计的概念

传统的商业空间概念已经逐渐模糊,随着经济社会的不断发展,商业空间的各种用途和功能也正在逐渐增加,也就是说商业空间正在为社会创造越来越多的社会价值。

商业空间的设计是建筑学领域的一个内容,要求设计出的空间和场所是供人们观景、购物的平台,人们在这样的空间里欣赏商品、购物,体验最新的消费和休闲体验,人们通过在商业空间的停留和消费,获得满足感。通俗地说,商业空间设计就是对商业空间的各种功能,如销售、服务、展示等功能进行合理划分和设计,使其更吸引大众、更能展示商业主体的意图和想法的一种设计手段。商业空间的设计最终目的是要使人们消费和休闲的空间变得舒适、享受,要为人们的休闲娱乐提供更加优质的场所。商业空间的设计范围种类繁多,如宾馆、商城、饭店、高档写字楼都可以纳入商业空间设计的领域中。现代社会对商业空间的需求量逐年增大,人们在商业空间中驻足的时间也越来越多,市场竞争的激烈性也要求商业空间的设计者必须最大限度地满足消费者的内心需要,吸引最大量的消费者前来购物和消费,这就要求商业空间设计者要学会心理学、物理空间、色彩搭配等知识。可以说,商业空间的设计既要符合当代人的需要,又要符合消费者的购物心理,从感官上最大限度吸引客人,一些最为先进的理念还引入了高科技和生态绿色等设计理念,不断地融入新内容,使商业空间的设计更加丰富。

第二节 商业空间的沿革与发展趋势

一、商业空间的沿革

商业空间随着时代的发展而不断革新变化,我们可以看到它先后经历了远古时期、封建社会时期、资本主义时期及近代时期等几个时期。现在,随着科技的发展和人们生活水平的不断提高,商业空间设计逐渐发展成为一种独立的艺术设计。

（一）远古时期

早在远古时期便有图腾崇拜、树碑立柱、祭祀鬼神等活动,这些活动在体现出原始信仰的同时也传达出一定的展示信息。在中古时代的初期,人类就已经开始了商品交易的集市贸易活动,当时人们进行商贸活动的形式较为原始、朴素,直接将商品裸露摊分在地,进行一些简单的分类陈列。后期才出现专门摆放商品的摊床,这便是最初的商品展示和展销会的雏形。

（二）封建社会时期

封建社会时期的商业空间，分为教化活动空间与商业活动空间两大部分。教化活动空间包括如下两种：

（1）展示封建教义与民众宗教信仰的空间，具体表现为各种庙宇，如国内的寺庙、道观，国外的教堂、神殿，以及各种石窟等。

（2）对封建地主与贵族生活中收藏的珍品字画、古玩、陶瓷等进行展示的空间，包括私宅、官邸、专业博物馆的陈列架等。圆明园便是其中一例。

这一时期的商业活动多集中于店铺与集市贸易。那时候的人们已经有了商品形象意识，一些店铺跟行会组织为了增加销量开始注意宣传商品形象。通过我国四川省广汉市出土的东汉市集画像砖，可以清晰地看到当时的店铺主人通过实物陈列与口头叫卖招揽消费者的场景。

（三）资本主义时期及近代时期

资本主义时期的商业空间，在文化上，有各类博物馆和文化艺术展览馆；在经济上，有国际博览会、商场店铺等。

由于资本主义国家的输入和民族工商业的不断发展，商业展示形式不断推陈出新，产生了更多新的形式。路牌广告、霓虹灯广告、街车广告、报纸杂志广告和其他印刷品广告相继在上海、北京等大城市出现，广告公司也相继成立。清末时期，我国出现了正式的展览会和博物馆。南京于1905年举办了第一届博览会，故宫博物院也在1925年对外开放。

进入20世纪，大工业生产导致了设计理念与实践的重大变革与发展。20世纪40年代，德国包豪斯设计学院的"技术与艺术新统一"的设计思想以迅雷不及掩耳之势影响了世界各国，而商业空间设计更是从形态和内容上都受到了长远、广泛的影响。

第二次世界大战之后，商品销售方式也开始发生变化，西方的发达国家纷纷推出自我服务商店，其新颖之处在于不再设置售货人员，消费者可以随意进入店内的陈列空间选购商品，给了消费者极大的自主性。到了20世纪60年代，又发展成大型化、规范化的超市、百货市场，开始注重导买点与陈列艺术的有机结合。

世界博览会(简称世博会)的产生得益于近代工业的生产和发展。世界博览会的产生经历了两个阶段,第一个阶段是在巴黎开始和终结的,时间为1798—1849年,范围只普及到法国;第二个阶段占了整个19世纪后半叶(1851—1893年),这时的博览会已经具有了国际性质。1851年的首届世界博览会,开创了商业空间设计乃至商业活动的历史新篇章。人们赞美这座通体透明、美轮美奂、庞大雄伟的建筑——帕克斯顿的得意之作"水晶宫"。这座原本是为世博会展品提供展示平台的场馆,成为第一届世博会中最成功的作品和展品,也成为首届世博会的标志。水晶宫促进了世博会的成功举办,世博会的成功举办又为世界召集多个国家,为了同一个目的——和平,交流文化思想、科技成果开了先河。同时,水晶宫也标志着现代商业空间设计的开始。

随着商品经济及科技的发展,现代的商业空间无论在规模、功能还是种类等方面都远远超出了过去的范畴,并且商品交易的双方(卖方与买方)都对商业空间的环境提出了进一步的需求。这些需求除了功能性方面的设施、条件和环境等,还包括满足心理需求、精神需求以及获取相关信息的需求等。因此,在现代市场经济前提下,商业空间的设计就应当包括这些方面的内容。

二、发展趋势

(一)绿色生态可持续发展的设计趋势

"绿色"概念是当前国内外各界广泛讨论的热点话题。在室内设计中,人们日益重视绿色建材的选用与自然能源的合理利用;提倡装修设计以简洁为好,不浪费、不过于堆砌装修材料;充分利用天然采光和自然通风,为人们营造安全、健康、自然、和谐的室内空间。

(二)高科技化的设计趋势

现在,新型建筑材料层出不穷,新的科技产品正在改变着人们的生活,一些新的节能材料和更具环保性能的材料随着可持续发展战略的提出,不断出现。譬如,用某种材料吸热降温,利用构造通风和降温等是目前设计师正在尝试的技术;再如,抗疲劳的空气清新剂、恒温的地板、防潮防霉的墙纸、净化空气的窗帘等已经在室内设计中逐渐得到运用。

新技术和新材料极大地丰富了室内环境的表现力和感染力,使设计师的设计有了更广阔的发挥天地,除了为艺术形象上的突破和创新提供了更为坚实的物质基础外,也为充分利用自然环境、节约能源、保护生态环境提供了可能。

（三）空间层次的复杂化

空间的层次一般包括形式层次、意向层次和意义层次三种。其中,形式层次是人们可以体验到的空间所具有的外形、色彩、肌理、方位等,是表面的、直观的,属于感性认识。空间形式的深层理解和认知对人的心理反应效果和情绪具有催化作用。意向层次的设计包含空间的结构框架、功能特点,体现了空间的功能和特征。意义层次是指空间的内在文化内涵,是人们观看空间结构和特征后的印象。商业空间的设计要同时考虑这三个方面,才能设计出引起消费者共鸣的空间环境。

一些购物中心的正门入口处会规划设计一个开放性城市景观广场,供人们户外活动、休憩和放松,广场前的一个立方体的装置成为视觉中心,并引导人们的视线至商场的入口,而夜晚闪耀的灯光让整个广场显得五彩缤纷。有些商场入口内部的天顶是封闭式的透明框架结构,白天可以采光入内,从楼下抬头往上看,空间感强。

第三节　商业空间功能分区

商业空间的设计目的是以其合理的功能、完善的设施和服务来达到销售商品,促进消费（包括餐饮）的目的。而不同的商业空间在功能上和设施的设置上会有较大的差异。

消费主要指的是消费者在购物和逛街的过程中进行的买卖,主要包括三种：购物、餐饮、娱乐消费。

一、购物

首先看看购物,一般消费者在购买某种商品前,肯定是要来到商业空间中的某个橱窗展示柜前,对商品的颜色、款式、大小、风格进行对比。例如,消费者购买衣物之前,肯定要进行试穿和对比,感受一下其材质和款式是否适合自己;而消费者在购买电视等家电时,肯定也要试着看一看展示效果和使用功能如何。消费者一般在购物之前都会将同类商品进行对比,这样的对比往往和商品的价格成正比,而商城的商品种类越齐全,消费者可以节约更多的时间进行商品对比,方便了消费者对商品的选择和决定,更容易吸引消费者,促成这笔交易的成功。因此,往往是规模越大、商品越多的商业空间,商品的成交概率越高,成交的总数也就越多。这就是商城聚集的原因之一,商场里商品总数越多,种类越全,给消费者的感觉也就越值得信任。

二、餐饮

当代社会,餐饮业已经不再仅仅是为了让人填饱肚子,而是有了更多的意义,人们通过到饭馆或饭店用餐,品尝美食、增强交流、增进感情等。人们在购物和消费空闲期,就近找到满意的就餐环境,短暂地休闲和放松,为下一步购物、消费做准备。因此,商业空间中的餐饮服务业,消费者对环境的要求不高,消费者就餐一般追求方便、快捷、卫生,大多是以西式快餐、中式快餐为主,消费者对就餐空间的要求也不高,不需要隔断和专门的包间,只要能够有利于消费者交流即可。例如,美国快餐连锁店肯德基、麦当劳大量分布在各个城市的商业中心地带,交通便利、周边便于停车。因为这些餐饮巨头摸准了消费者的消费心理,在逛街之余,能够方便快捷地吃到美食,又不必担心食品安全问题,而且不会占用自己太多的时间。这就是麦当劳、肯德基能够长盛不衰的奥秘之一。

三、娱乐

随着人们休闲娱乐种类的多样化,人们来到商业中心的目的也不仅仅是为了购物和餐饮,随着电影产业的发展,人们对电影院的青睐程度越来越高,利用周末假期陪家人看场电影,是越来越多人的选择。据国家统计局统计显示,2015 年全年,我国电影票房总收入超过了 500 亿元,同比连续四年超过了 30%,我国每年新增的电影院数量超过了 300个。当前我国一、二线城市都有设施齐全、价格较为优惠的电影院线,每天都有大量来到电影院观看电影的观众,一些观众是在购物之后选择看电影放松一下,因此,电影院的建设一般都会跟随着商城和餐饮,形成规模效应。

除了电影院还有 KTV、游戏厅、滑冰场等,这些设施虽然没有直接的商品交换,但都为消费者提供足够的休闲娱乐活动,丰富了消费者的选择。

四、非购物选择

消费者在商业空间里除了购物以外,还能完成很多事情,一些大型的商城都设有休息区,这些区域一般都设置在电梯附近,供消费者休息、调整。毕竟现在的商业空间越来越大,每个人的精力也是有限的,面对琳琅满目的商品,很多消费者需要通过休息来进行调整,或者在购物过程中遇到朋友、同事,需要找个空闲的地方进行短暂的休息和交谈。例如,上海 K11 商场,说它是商场不如说其是艺术博物馆,这里不仅可以供人购物、餐饮、娱乐消费,还定期举办艺术展览,如国画展、油画展、古代文艺作品展等,基本每个星期都有固定的展出安排;除此之外,这里还是一个主题旅游休闲公园的总部,各种珍贵的艺术品令消费者来到这里就感觉像是进入了奇幻的森林世界,大片的植被和森林植物以及落差达到十五米的人工瀑布景观,令消费者在这里能听到飞流直下的瀑布声音和涓涓流水和鸟鸣声,忘记自己生活在都市当中,仿佛置身大自然的丛林之中。

第四节　商业空间设计风格

一、商业类型与空间风格

(1)商业空间风格的形成明显受其商业业态和特点的制约。其中包括传统商业业态所形成的空间风格、创新商业业态所形成的空间风格。

（2）传统商业业态经过长期经营积累，对空间类型与规模都有相对具体的模型，如门店立面风格特征、室内空间风格特征都具有强烈的传承意味。门头店招和字牌，门厅营业柜台布局以及朝向、尺度、展示、装饰等都传承了行业风格，从零售店、餐厅、药店、发屋等可以看出商业类型特征决定了其空间风格的形成。

二、商业空间主题与风格

空间风格是与空间主题直接关联的。设计师为了设计出某种风格，往往通过主题的演绎来引导与实现空间风格。在本节中，我们重点讨论商业空间传统化、产品化的主题与风格。

（一）传统化的主题与风格

主题与风格设计的形成及演绎，首先涉及传统类型的空间主题与风格设计所形成的背景及相关因素，主题与风格设计和环境（场地）的关联。这些相关的因素是制约风格与主题产生的外部条件。

（1）从传统商业业态、商铺空间类型的结构层面对空间风格与主题的引导作用来看，有如下的特征：

①空间语意要素：传统的历史、文化、民俗、民风等所传达的语意，是空间设计的深层要素。

②空间形态特征要素：形式、功能、结构、材料等所传达的表意，是空间设计的表层要素。

（2）传统化的主题与风格设计要点。

①在设计中往往从环境空间的结构、形式、色彩、材料、营造技术以及环境形态等的表皮上强调历史文脉，如通过环境空间的结构关系、技术构件的功能而引申出主题意义。

②注重传统的设计风格，并能有效地将其与当地的文脉和社会环境结合起来，通过良好的设计建立历史延续性，表达民族性、地方性，体现文化渊源。

（二）产品化的主题与风格

商业空间的卖场是让产品实现商品价值的最终环节，无论是哪一种商业空间的形态，它的本质都是围绕着企业个体或单个产品而出现的。

（1）产品化的主题与风格设计的形成特点：

①涉及主题与风格设计和产品（品牌）在空间构成要素的关联。

②对产品成为主题要素与产品化的空间演绎分析，形成空间主题与风格。

（2）以产品为中心的主题与风格设计。

①要充分体现其品牌设计理念，从整体的 logo 设计到店内的模特、人台的手势等，体现其产品与展示的整体风格。

②以产品风格控制的卖场环境规划、卖场气氛营造，刺激消费者的购买欲望，最终促成消费者购买，实现整体销售的迅速提升。

③在审美的基础上注重细节性的操作，如产品摆放联系搭配（货区展示设计产品以系列形式展现）、产品结构设置的实用与有效（体现产品展示效果气氛）、展示产品独特风格，渲染品牌的感染力。

三、商业空间风格与设计

主题与风格设计的创作手法是空间设计的重要手段。在本节中，我们重点讨论基于营销策略中张扬产品特性、提升环境文化品质的商业空间风格与设计手法。

（一）基于张扬产品特性的风格与设计

张扬产品特性和差异性是营销策略中的重要内容。营销策略中，通过专卖体系等特殊销售模式打造和直营体系的建设，为品牌建设和品牌提升服务。品牌与风格设计方法如下：

（1）隐喻法：要求空间主题与风格隐喻产品品质和美学，应对产品的典雅、高贵、现代、时尚、前卫品格和科技性等。

（2）个性法：尽一切努力搜集提炼专卖产品的功能、形态、使用的科技性、独特性、差异性。在空间视觉中心设计、重要部位、展示中彰显个性。如给热卖产品好位置、大面积，放大产品模型。

（3）名人法：以产品的出身、历史、使用者、名人为宣传线索，讲故事,营造空间情节,拉高产品与空间"身价"。

(4)重复法:空间设计中,营销 logo、图形、模型、招贴、标志色彩鲜明醒目,且在不同立面、顶平面、地面、家具、视频中重复出现,强化印象。

(5)突兀法:让消费者记住的风格,采用风格前卫的空间设计、局部突兀的构建、富有情调的场景氛围,以及特殊色彩系统、图形标志系统等等。

(二)基于提升品质文化的风格与设计

在市场竞争中,品质是质量、信誉、责任和文化的集合,品质是始终如一的一种追求,卓越的品质常常使产品的使用者获得超值和满足的体验,从而将这种体验传递给周围的人,形成良好的口碑传播,对产品的销售和品牌形象的提升起着直接的推动作用。基于提升品质文化的风格设计方法如下:

(1)情节编排法:对待空间和产品的结合、空间流线采用情节编排法,对功能空间、交通空间、共享空间、营业空间、辅助空间等系统编排,起承转合,如戏剧情节处理,使消费者在消费中不知不觉被空间引导。

(2)情景塑造法:以产品为中心,通过隐喻产品品质的风光、小环境、环境模型塑造独特氛围和情景,消费者在温馨、异域、科技和未来感的销售环境中被感染。

(3)赏心体验法:把神圣婚约的信仰、对恒久爱情的阐释、唯美浪漫的家居、护佑真爱的词语、赏心悦目的花卉等融入空间,带给消费者赏心体验。

四、风格类型

(一)欧式风格

欧式风格体现繁复和厚重的古典欧洲的形式感,通常运用欧式的经典元素,如柱式、圆拱等。包括古罗马式风格、哥特式风格、文艺复兴风格、巴洛克风格、洛可可风格、古典主义风格等。欧式风格室内装饰造型严谨,天花、墙面与绘画、雕塑等相结合,经常采用大理石、壁纸、皮革和高档木饰面等材料。欧式风格的装饰品配置也十分讲究,常常采用水晶玻璃组合吊灯及壁灯、欧式沙发、油画壁饰等。欧式风格造价较高,施工难度较大,日后保养维护也有较高要求,适用于婚纱店、晚礼服店、奢侈型酒店、高档陶瓷产品店等。

（二）新中式风格

新中式风格主要以现代简约风格手法构筑主要空间的序列关系,而在细节装饰上则汲取中国传统的元素,如斗拱、挂落、雀替等装饰构件,体现传统文化韵味。新中式风格在材料运用上以体现木质结构为主,大量运用深色木饰面,还经常采用青石砖、图案玻璃等。装饰品上配合明式或清式家具、青花瓷、宫灯、书法及国画等。新中式风格在空间上轻盈通透,细节装饰上祥和宁静,形成了别具一格的风格。新中式风格造价较高,施工工期长,一般适用于传统工艺品店、中式餐饮店、高档茶叶店等。

（三）装饰主义风格

装饰主义风格演变自19世纪末欧洲的新艺术运动,以机械美学与装饰美学的风格相结合,以较机械式的、几何的、纯粹的结构来表现装饰效果,如扇形辐射状的太阳光、齿轮或流线型线条等。装饰主义风格那简洁又不失装饰性的造型语言所体现出来的基于线条形式的强烈的装饰性,在原则上灵活运用重复、对称、渐变等美学法则,使几何造型充满诗意和富于装饰性。装饰主义风格常用方形、菱形和三角形作为形式基础,运用于地毯、地板、家具贴面等处,创造出许多繁复、缤纷、华丽的装饰图案,亦饰以装饰艺术派的图案和纹样,比如麦穗、太阳图腾等,显现出华贵的气息。装饰主义风格造价高,施工工期长,一般适用于高档家具店、高档服装店、高档皮具店等。

第二章

商业空间设计基础与原理

现代意义上的商业空间在随着时代的发展变化中呈现出多种多样的新的形式和功能，商业建筑内外环境的形象构成了现代城市环境形象的主体，其中在单体和群体的商业建筑形象中，以群体商业建筑内外环境形象比较突出。在城市中见到的具有现代特色的大型商业广场、商业步行街、超级购物中心以及大型商业综合体等商业建筑内外环境，都是构成现代城市环境的重要元素，并成为现代城市中形象突出的标志性建筑。总之，商业空间设计的重要性在如今越发突出，那么，空间设计的基础和原理有哪些呢？本章就将对其进行重点探讨。

第一节　人机工程学原理的运用

一、人机工程学的概念与延伸

人机工程学简称人机工学。人机工程学研究的核心问题是不同的作业中人、机器及环境三者间的协调,研究方法和评价手段涉及心理学、生理学、医学、人体测量学、美学和工程技术等多个领域,研究的目的则是通过各学科知识的应用,来指导工作器具、工作方式和工作环境的设计和改造,使得作业在效率、安全、健康、舒适等几个方面的特性得以提高。如今,它已发展为一门多学科交叉的工业设计学科。

"人机工程学"起源于欧美,原先是在工业化生产早期,开始大量生产和使用机械设施的情况下,探求人与机械之间的协调关系的一门科学。作为独立学科早在二战前就已经存在,但其真正获得发展是在第二次世界大战中与军事科学的结合,并开始运用人机工程学的原理和方法,在坦克、飞机等军用设备的内舱设计中,研究如何使人在舱内有效地操作和战斗,并尽可能使人长时间地在小空间内减少疲劳,即处理好人—机械—环境的协调关系。到了第二次世界大战结束后,尤其是在20世纪60年代世界经济发展高峰时期,欧美各国把人体工学的实践和研究成果,运用到空间技术、工业生产、建筑及室内设计中去,从而使这门科学有了很大的发展。

其实,在现实中"人—机械(或物)—环境"往往是密切联系在一起的一个系统,运用人体工学主动、高效率地支配生活环境是人机工程学在室内设计领域中应用的前提。人机工程学在商业空间室内设计中的应用是这门科学的延伸,其研究领域包括:以人为主体,运用人体计量与测试、心理计量与测试等手段和方法,研究人体结构功能、心理、力学等方面与室内设施、家具及室内环境之间的合理协调关系,以使设计与制作适合人的身心活动要求,取得最佳的使用效能,其目标是在室内设计的过程中创造安全、健康、高效能、舒适、并符合人机工程学原则的室内环境以及人与环境、设施的相互关系。

二、人机工程学基础数据

室内设计的主体是人,所以在设计的过程中把握人与家具及环境的尺度关系是最为重要的。与人相比,物是属于次要的因素。因此设计师必须掌握处于首要地位的人的有关参数。人机工程学的一个基本原则是在物和环境的设计中充分考虑人的基本参数。不同的种族、性别等因素不同的人类种群之间的差异是明显的。因此根据不同的种族,进行大面积的人机工程学方面的测量是制定各国、各地区人机工程学标准的依据。许多发达国家在这方面都曾投入过大量的人力、物力,制定出各种环境下人体的有关参数,成为产品设计时的依据。

三、人机工程学与商业空间

人机工程学里面所说的"机"是广义的,泛指一切人造器物:大到飞机、轮船、火车、生产设备,小到一把钳子、一支笔、一个水杯;也包括室内外人工建筑、环境及其中的设施等。人机工程学的研究内容,是人—机械—环境的最佳匹配、人—机械—环境系统的优化。

商业空间尺度设计,离不开对人机工程学的研究。建筑内的器物为人所用,因而人体各部位的尺寸及其各类行为活动所需的空间尺寸,是决定建筑开间、进深、层高、器物大小的最基本的尺度。空间尺度并不仅限于一组关系,它是一个错综复杂的系统,包含部分与整体及部分与部分之间的对应、物体与人体尺寸的对应、常规尺寸与特殊尺寸的对应关系。

四、人机工程学原理的运用

商业空间设计是一种公共空间设计,在设计过程中,尤其应当以使用者的最基本的安全及功能上的需求作为优先考虑的前提,从人体尺度、动作域、心理空间以及人际交往空间等入手,以确定空间范围,以此作为商业空间规划设计的尺度依据和标准。

（一）确定活动所需空间的主要依据

一般商业空间的设计应考虑在不同空间与围护的状态下，人们动作和活动安全，以及对大多数人的适宜尺寸，并强调其中以安全为前提。消防安全则是所有安全方面最重要的环节，其中也有相当的内容是建立在对人机工程学的研究之上，如商业空间内的消防通道的长度与宽度的限制、防火门的尺寸与开启方向、消防楼梯的设置等，这些规范的确立也都是建立在人机工程学的研究之上，以及火灾防范的具体情况及各种经验和教训的基础上的。在满足消防安全等强制性规范的前提下，室内空间的设计所要达到的目的就是尽可能地满足商业空间在使用功能上的需求和满足视觉等美学方面的要求。一般来说，不同类型的商业空间，对于空间尺度的要求不尽相同，设计运用人机工程学的原理必须考虑到人在不同的商业环境中的行为模式，并以此作为人机工程学在空间设计中应用的指导。

（二）确定家具、设施尺度及使用范围的主要依据

在各类商业空间内的家具和设施都是为人所使用的，它们的形态、尺度必须以人体尺度作为主要的依据。同时，人们为了使用这些家具和设施，其周围必须留有活动和使用的最小余地，这些要求都是由人体工程学原理予以解决的。例如，餐厅的就餐区、商店内的陈设区、超市的收银区等空间内部的家具设计和设施选用就必须充分考虑运用人机工程学的尺度来决定家具和设施的形态、尺度。同时，在设计中除了兼顾整体的尺度关系，还要考虑个体的差异性、性别差异、老少年龄差异等。

（三）人机工程学与家具设计

家具设计以人为服务对象，应以人机工程学为基础，而人体尺度是人机工程学在运用过程中最重要的基础数据，它的获得决定了在实践中运用的结果。在家具设计中，人机工程学所起的作用主要体现在以下方面：

为确定家具与设施的尺寸和空间范围提供依据。依据人机工程学所提供的人体基础数据进行家具设计和布置，可以使人体处于舒适状态和方便状态中。

五、无障碍设计

建筑的无障碍设计是针对残疾人、老年人等的生理和心理的特殊需要,对城市道路、公共建筑、居住建筑的有关部位提出的便于这类弱势群体行动和使用的一种系统设计原则。随着社会的文明与进步,残疾人的康复事业得到不断发展,传统的将残疾人与社会隔离的观念正得到纠正。而城市道路和建筑物的无障碍设计,正是使残疾人尽可能建立正常生活、参与社会活动、获得与正常人相等权利的重要途径。在商业空间的设计中,涉及无障碍设计的部位包括坡道、无障碍电梯、无障碍厕所(图2-1)等。

在欧美等发达国家,无障碍设计是建筑与室内空间设计的基本要求。鉴于中国的基本国情和原有建筑的现状,在设计实践中,许多旧建筑的改造项目中往往无障碍设计实施具有相当的难度,一定程度上,无障碍设计原则还只是作为指导性的原则来执行。但随着国家对经济和文化的发展,这一设计原则将会很快成为建筑及其他设计中一种基本认识。

图2-1   无障碍厕所

第二节　环境心理学和商业空间

　　环境心理学是研究环境与人的行为之间相互关系的学科,它着重从心理学和行为的角度,探讨人与环境的最优化关系,即怎样的环境是最符合人们心愿的。环境心理学非常重视生活于人工环境中的人们的心理倾向,把选择环境与创建环境相结合,着重研究如何组织空间,设计好界面、色彩和光照关系,处理好整体环境,使之符合人们的心理感受,以便于使环境更好地服务于商业目的并最终服务于人。

　　运用环境心理学的原理在商业空间中的应用面极广。在现代商业环境设计中应注重以下几点。

　　(1)商业环境应符合人们的行为模式和心理特征

　　例如现代大型商场(图 2-2)的室内设计,客户的购物行为已从单一的购物,发展成为购物—浏览—休闲—信息—服务等行为。购物要求尽可能接近商品,亲手挑选比较,由此自选及开架布局的商场结合餐厅、游乐、托儿等应运而生。

图 2-2　大型商场

（2）认知环境和心理行为模式对组织空间的提示

从环境中接受初始刺激的是感觉器官,评价环境或做出相应行为反应判断的是大脑,可以说对环境的认知是由感觉器官和大脑一起进行工作的。认知环境结合心理行为模式,设计者能够获得比通常单纯从使用功能、人体尺度等起始的设计依据有了组织空间、确定其尺度范围和形状、选择其光照和色调等更为深刻的提示。

（3）充分考虑使用者的个性与环境的相互关系

环境心理学从总体上既肯定人们对外界环境的认知有相同或类似的反应,同时也十分重视使用者的个性对环境设计提出的要求,充分理解使用者的行为、个性,在塑造环境时予以充分尊重,但也可以适当地利用环境对人的行为的引导、对个性的影响,甚至一定意义上的制约,且在设计中应辩证地掌握合理的分寸。

第三节　消费心理学与商业空间

设计师在进行商业空间设计时,潜意识里注重对消费者的情感渲染和心理诱导,从而打造出一个让消费者自愿愉快的购物空间,这也是商业空间设计的趋势之一。商业空间设计可以说是一种经营策略的设计,也可以说是一种科学的设计,涉及艺术的方方面面,需要综合运用营销与传播,最重要的是对消费心理的把握。

商业空间设计应研究消费者的心理特点,并与之相适应,为消费者提供最适宜的环境和最便利的服务设施,使消费者乐意参观和选购商品,而要达到这一要求,就必须研究空间设计与消费者心理的关系。通过对商业空间设计及消费者心理的研究,掌握其规律,使商业空间设计适应消费者的心理特点,从而扩大商品的销售量,既满足消费者的需求,又使企业获得较好的经济效益。

一、消费者的需要

消费者的心理需要直接或间接地表现在购物的活动中,影响着购买

行为,其主要心理活动可以归纳为以下五个方面:

(1)新奇。这种心理需求对展示设计工作具有特别的意义。马斯洛认为:精神健康的一个特点就是好奇心。对于一个健康的心理成熟者来说,那种神秘的、未知的、不可测的事物更令人心驰神往,这也正是商业环境为什么可以通过展示设计而不断地使消费者保持新鲜感和吸引力的原因。

(2)偏好。某些消费者由于受习惯、年龄、爱好、职业修养、生活环境等因素的局限,会对某些商品或某些商店有所偏爱。

(3)习俗。设计师的设计必须尊重地方的习俗、民俗和服务对象的生活习惯,去创造使消费者认同和喜悦的购物空间。

(4)求名。对名牌商品的信任与追求,乐意按商标认购商品,是不少消费者存在的一种心理。因此,在传统老店、高级专卖店装修更新或展示设计时,必须注重保护老主顾对名店、名货的认同感,既要常常更新,又必须保持一种文脉的延续性。

一个产品声誉的建立,不仅在于款式的新颖和质量的高标准,更主要的是对品牌名作理想的宣传。例如,苹果、佐丹奴、贝纳通、佳依服饰以及 MEXX、FUN 等一些名牌服装,都是通过对专有商标的形象宣传而唤起消费者对这些商品的追求、向往。经验证明,畅销的商品与成功宣传是紧密相关的。广告的意义是让"他们"成为象征,为人们树立起形象,同时也诱使人们去把自己塑造成这一形象。求名的心理似乎会给人们一些启迪,商业形象的塑造,是建立在诱发消费者潜在购买可能的基础之上的。

(5)趋美。仅对商店而言,设计时必须注重的是陈列展示的商品与购物环境的统一。一件美的商品配置一个美的购物环境,必然会使人从心理上得到一个美的享受。在了解消费者各种需求的同时,应努力去创造优美的购物环境。

二、商店门面与消费心理

商店门面是指商店的外表。消费者对商店的印象(如商店的新旧、大小及商店的经营规模、档次等)首先来自商店门面的形象,因此,商店经营者应当注重商店门面的设计与维护。

（一）商店门面设计的心理要求

一般而言,商店门面的设计应当达到以下心理要求。

1. 显示商店个性

商店门面的设计应具有独特的风格或体现出商店的经营特色（图2-3）,以满足消费者求新、求奇的心理或引导消费者进行消费。例如,法国巴黎某水果营业场所的整个外形是"一个剥开了的巨大橘子",这个"橘子"的开口处就是营业场所的大门,看起来十分诱人,能使消费者对其产生浓厚的兴趣,并迫不及待地走进"橘子"瞧一瞧。又如,"泰国料理饭店"的门面设计通常富有泰国气息,能让消费者通过商店门面了解到该店的经营特色。

图 2-3　有趣的店面设计

2. 体现艺术美感

商店门面的设计应当体现出艺术美感,以便刺激消费者的视觉感官，为其带来美的享受。具体而言，商店门面的造型应展现出独特的建筑特色（图 2-4、图 2-5），外观图案应富有内涵或具有欣赏价值，色彩应当整体一致并与周围的商业环境相协调。例如，麦当劳的门面设计就极具艺术美感，其"M"标志采用弧形图案设计，线条非常柔和；在颜色上使用黄色和暗红色相结合的方式，使标志的外观非常醒目。其店内采用了柔和的淡黄色灯光，给人干净、舒适、典雅的感觉。其临街面设计成大面积的落地玻璃橱窗，颇具时尚感和美感，令人产生走进店里的欲望。

图 2-4　上海泰晤士小镇咖啡馆

图 2-5　武汉特色店铺门面

（二）商店门面维护的心理要求

　　商店经营者应保持门面的整洁（图2-6），以避免消费者产生抵触感或厌恶感。具体而言，保持门面整洁需做到以下两点：

　　（1）尽量不在商店门面上粘贴广告、商品信息等；

　　（2）定期对商店门面上的玻璃、窗框、门框进行清洁，并对店前的道路进行清扫。

图2-6　干净的店铺门面

三、商店橱窗与消费心理

　　商店橱窗通常以布景道具、装饰画面为衬托背景，并配有色彩、灯光和文字说明，能够对商品进行装饰或衬托，并能对商店外观进行美化，是一种重要的广告形式和装饰手段。

　　（一）商店橱窗的心理功能

1.激发消费者的购物兴趣

　　橱窗将商品摆在明显的位置上（图2-7），能使商品看起来更加显眼、美观或能展示商店的经营特色，这能给消费者以新鲜感或亲切感，进而使消费者对商品产生兴趣。

图 2-7　店铺橱窗

2. 诱发消费者的购物欲望

橱窗通常具有一定装饰风格(图 2-8)、艺术美感和时代气息,能使消费者对摆在其内的商品产生良好的直观印象或产生美好联想,进而产生购物欲望。

图 2-8　店铺橱窗

3. 增强消费者的购物信心

橱窗展示实体商品货样时,能将商品的相关信息如实地传递给消费者,并直接或间接地反映出商品的质量可靠、价格合理等,这不但可使消费者了解商品,而且还可增强消费者购买商品的信心。

(二)商店橱窗设计的心理策略

一般而言,商店橱窗设计的心理策略有如下几种。

(1)充分显示商品并突出商品个性,适应消费者的选购心理

即利用橱窗将所列商品的优良品质和个性特征充分地显示给消费者,以便消费者选购商品或做出购买决策。

商店经营者采用这一心理策略时应做好以下两方面工作。

①选择理想的陈列商品

理想的陈列商品一般是流行的、新上市的或反映商店经营特色的商品,它们通常美观大方、质量优良,能够给消费者耳目一新的感觉,并能引导消费者进行消费。例如,在春夏交替之际,在橱窗里展示适应夏季的新品服装,能提醒消费者及早选购适时商品;在丝绸商店的橱窗里展示本店的特色丝绸,能使消费者一眼看出商店的特色。

②选择合理的展示形式

即根据陈列商品的特点,巧妙地对其进行组合或搭配,使之呈现出各种形态,以便消费者从多个角度了解、观看商品。例如,采用不同姿态的人体模型从不同角度展示服装,可将服装的色彩、样式及穿着的实际效果呈现出来(图2-9)。

图2-9　橱窗陈列的服装

（2）塑造优美的整体形象，给予消费者艺术享受

即采用各种艺术手段塑造具有吸引力和感染力的橱窗整体形象，使消费者加深对陈列商品的视觉印象，并从橱窗中获得美的享受。

商店经营者实施这一心理策略时，主要应从橱窗的艺术构图和色彩运用两方面入手。

①橱窗的艺术构图

橱窗的艺术构图应当层次分明、疏密有致、均衡和谐，能使各种物品显得协调而不呆板，从而带给消费者一种轻松、舒适的心理感觉。橱窗构图的艺术手法通常有对称法、不对称法、主次对比、大小对比、远近对比和虚实对比等。

②橱窗的色彩运用

橱窗的色彩应与陈列商品本身的色彩、季节的主色调相协调，且在整体上显得清晰明朗、丰富柔和，能够增添陈列商品的美感，并给消费者带来赏心悦目的感觉。

（3）利用景物渲染氛围，满足消费者的情感需要

即利用橱窗中的景物对陈列商品进行间接的描绘和渲染，使橱窗展现出耐人寻味的形象特征，进而使消费者联想到美好意境，满足其某种情感需要。例如，在新春佳节之际，服装店经营者在橱窗中利用景物道具布置一个春意盎然、百花争艳的花园，使消费者感受到浓厚的节日气息，并对陈列商品产生好感；婚纱店经营者在橱窗中利用景物道具布置一个温馨浪漫的二人世界，使消费者感受到组建家庭的幸福感。

四、内部购物环境与消费心理

商店内部的装饰（如商店墙壁设计、天花板色彩搭配、灯光和音响等）、柜台陈列、商品摆放等能够刺激消费者的感官或感染消费者的情绪。因此，商店经营者有必要了解以上各种因素与消费心理的关系，并据此制定相应的心理策略。

（一）商店内部装饰的心理策略

（1）利用灯光照明诱导消费者购物

商店柔和的灯光照明不但具有帮助消费者看清商品的功能，而且具有美化商品、展示店容和烘托气氛的功能。因此，商店经营者可以巧妙

地利用灯光照明来吸引消费者的注意力,调动消费者的购物情趣。

利用灯光照明诱导消费者购物的具体方法主要有以下几种。

①配置基本照明

这种方法主要是指在天花板上配置荧光灯,以弥补自然光源的不足,增加商店内部的明亮程度,从而吸引消费者注意或为消费者提供方便。当然,基本照明的光线强弱应根据商店主营商品及其主要销售对象而定,以免光线强弱不当或对比过大而引起消费者眼部不适,进而使其产生紧张、厌恶、焦虑等不利于商品销售的心理感受。

例如,消费者选购结婚用品时往往比较细致,因而销售该类商品的商店应配置光线较强的照明设备,以便消费者挑选;对于主要销售对象是老年人的商品,商店照明光线不可过强也不可过弱,以免老年人感到刺眼或者看不清商品。

②配置特殊照明

即根据主营商品的特性在商店内部某个位置(如柜台)配置聚光灯、探照灯等,以突显出商品特色,使消费者对商品产生喜爱、珍惜的感觉。例如,为珠宝玉器、金银首饰配置聚光灯,可以增添珠宝的光泽、突显首饰的质感,从而使消费者对珠宝和首饰产生高贵、稀有的心理感觉。

③配置装饰照明

即在商店内采用彩灯、壁灯、吊灯、闪烁灯和霓虹灯等照明设备,以美化商品、渲染气氛,使消费者获得美的享受或对商品产生浓厚兴趣,进而实施购买行为。

（2）利用色彩调节消费者情绪

利用色彩调节消费者情绪的具体方法主要有以下几种。

①利用色彩错觉扩大空间感

商店经营者可以利用色彩的远近感调配出合适的色调来扩大购物场所的空间感,改变消费者的视觉印象,并使其产生舒适、开阔的感觉。

②利用色彩衬托主营商品

这种方法是指根据主营商品色彩的不同,运用不同的装饰色彩,以衬托商品的形象或增加商品色彩的吸引力,从而吸引消费者注意或刺激消费者的购物欲望。

③利用色彩调节因自然因素带来的情绪

这种方法主要是指根据不同的季节或地区气候来调配装饰色彩,以利用色彩的感觉消除消费者因天气、气温等自然因素而产生的不良情绪,使其感到亲切、舒适或兴奋。

（3）利用音响烘托购物氛围

利用音响烘托购物氛围的具体方法主要有以下两种。

①播放广告信息

即通过音响向消费者广播某类商品降价、优惠信息或者某种商品的功能信息等,以吸引店内外消费者的注意力或指导现场的消费者购物。这种烘托购物氛围的方式在大型百货商场、超市等营业场所比较常见。

②播放背景音乐即通过音响向消费者播放优美的音乐,渲染店内的购物气氛,以使消费者获得美的享受或激发消费者的购物欲望。

（4）利用空气、气味美化商店环境

调节店内空气、气味的具体方法如下:

对于空气:可增设窗户或气窗,加强空气对流,加设门窗防尘帘,添置花草盆景。有条件的商店应安装空调,实行人工通风和换气。

对于气味:首先,应做好店内外的环境卫生,以消除不良气味。其次,可根据商店主营商品的特性,在店内放置能够散发香味的各种花草或人工香料。

另外,在四季分明的地区,商店还应注意及时开放冷气或暖气,创造温度适宜的购物环境。

（5）利用营业设施提升商店美誉度

有条件的商店可以在店内设置休息室、饮食部、咨询处、临时存物处、电梯等附属设施,为消费者提供更多便利,进而提升商店的美誉度。

（二）商店柜台陈列与消费心理

商店柜台是摆放商品的载体,其陈列状况关系到商店内部的整体布局,能够影响消费者对商店的整体印象。

（1）柜台陈列的心理要求

整齐有序:柜台的陈列应当整齐有序,以使店内布局显得协调、美观,给消费者带来赏心悦目的感觉。

方便观看和选购商品:柜台的陈列应当能充分展示商品,方便消费者观看和选购商品,进而增强消费者的购物欲望,如图 2-10。

图 2-10   陈列物品的柜台

（2）柜台陈列的方式

一般情况下，柜台的陈列具有以下两种方式。

①直线式陈列

直线式陈列是指柜台呈一字形摆开。这种陈列方式的视野比较开阔，便于消费者看清商品，但不利于消费者迅速发现购买目标。适用于挑选性较小、颜色对比明显的商品。

②岛屿式陈列

岛屿式陈列是指数个柜台围成一个小圈形成一个销售区域，向外展示商品。这种陈列方式可以美化商店布局，扩大商品的摆放面积，并方便消费者迅速查找或发现所需商品，适用于钟表、眼镜、化妆品、中西成药等商品。

（三）商店商品摆放与消费心理

（1）商品摆放的心理要求

整齐醒目；具有丰富感；具有安全感；便于挑选。

（2）商品摆放的心理策略

商店经营者在摆放商品时可以采取以下几种心理策略。

①将商品摆放在适当高度

这种策略是指根据消费者无意识的环视高度，以及其观看商品的视角和距离,来确定商品摆放的高度,以提高商品被看到的概率,并方便消费者感知商品形象。一般来说,商品的摆放高度应在 1 ~ 1.7 米的范围内。

②按购买习惯摆放商品

这种策略是指根据消费者的购买习惯和商品特性,将商品分成大类进行摆放,以便消费者寻找。

③突出商品的价值与特色

这种策略是指在摆放商品时,有意识地运用各种形式展示商品的实用价值与优良特点,突出商品的美感与质感、局部美与整体美,以刺激消费者的购买欲望。

第三章

商业空间设计的原则、程序与表达研究

在本章中我们主要对商业空间的设计原则和设计程序进行归纳。前两节论述全面而规整,主要涉及设计原则与步骤,在第三节中介绍了现代新兴的生态设计理念。

第一节　商业空间设计的原则

一、商业空间设计的实用性原则

（一）确定合理有序的参观流线

人在商业空间中常处于参观运动的状态,并从运动中体验空间变化的魅力以及展示设计的趣味,可以说,商业空间具有很强的流动性,因此,设计师在进行创作时应注意展示空间的动态感、序列感和节奏感。商业空间展示中最核心的内容就是动态流线的设计,合理的参观流线能使观者完整地介入商业活动中,并尽可能不走或少走重复路线。时序,是指观者经过各个展示空间的时间顺序的线路。流线设计应注意线路的顺利性、便捷性、灵活性。流线常采用顺时针方向,也可以根据建筑自身的空间特性来布局设计。

（二）人性化的功能空间布局

商业展示空间需要满足人在参观时精神和物质上的需求。人们需要舒适温暖的商业空间、安全便捷的空间规划、声色俱全的商业环境、信息丰富的展示内容、服务周到的配套设施等。因此,设计师要认真分析人在商业空间内的活动行为、参观流线以及相应的人体工学知识,从而设计出亲近温暖的体验空间以及舒适的比例尺度,充满了人性化的商业空间才是一个优秀的展示作品。

（三）有效地在商业空间里展示展品

展品是商业空间的主体,展示的首要目的是有效地向观众呈现展品。设计师在进行展示表现时,应考虑不同的展示内容有各自相对应的展示形式和空间划分,将展示空间与展示内容相互结合起来。展品应放在展区的显眼位置,并通过光、电、声的新媒体与新技术进行展示,并给予充分的展示空间以增强对人的视觉冲击,给观者留下深刻的印象。

（四）展示空间的安全性和可靠性

商业空间设计的过程中，观者在空间内的安全和行动的便捷是必须重视的问题。展示规划时应考虑到可能会发生的意外状况，如火灾、停电等，并做好相应的安全防范措施。大型商业空间应设有应急指示标志、应急照明系统和足够的疏散通道等。空间设计时还应考虑到观者在通行、休息时的需求，并考虑增加"无障碍"设施等内容。

二、商业空间设计的艺术美原则

（一）重复与渐变

重复是指将不分主次关系的相同的形象、颜色、位置、距离做反复并置的排列。重复并置具有连续平和、单纯清晰、无限制的视觉体验，但也因为过分的统一，容易产生枯燥乏味的感觉。二方连续式是指以一种形象进行上下、左右的反复并置；四方连续式是指以一种形象同时进行上下左右的反复。在商业展示中，空间常运用重复的形式进行展示。如图3-1中就是一个重复式的空间设计。

图 3-1　重复式空间设计

渐变是指形象按照逐次递增或减少的状态呈现，具有阶梯状特点。展示中可对食品类、日用百货、服装布料类商品陈列采用渐变形式的表达，也可在大型展览中进行使用。

（二）对称与均衡

对称是指以画面中心画一条直线，并以该直线为轴，进行上下或左右的对称。对称具有规律性的、统一的、偶数的、对生的视觉效果。

图 3-2　对称空间设计

均衡是指左右或上下等的形象不完全相同，但却给人有雷同的感觉。均衡富有变化，是一种不规则的、活泼的、奇数的、互生的视觉效果。在商业展示时，距离视觉中心点较远一方陈列较多商品，较近一方陈列较少商品，但视觉感官上却能获得平衡感。

（三）对比与调和

对比是指将形象上不相同又不相近的两种物体并置在一起，得到具有明显的差异性的视觉美感。在商业展示中常运用形态、色彩、虚实、肌理的对比，来烘托商业空间的氛围。

调和是指两个性质相同、量不同的物体，或把两个性质不同、相近似的物体并置在一起，给人视觉上舒适统一的情感体验，在商业展示中，常运用形、色的统一来处理空间。

（四）比例与尺度

比例是指在一个形体中的各部分有着合理尺度关系，如大小、高低、长短、宽窄等标准。

尺度是设计的标准，是设计对象的整体、局部与人的生理尺寸或人的某种特定标准间的计量关系。完美的设计形式必须具有协调匀称的比例尺度。商业展示设计中常用的比例主要指黄金分割比、数列比。

（五）节奏与韵律

节奏是指以重叠反复、错综转换的原理进行适度组织，使之产生高低强弱的变化。在商业展示中，常运用为形象的形、色的反复变化，丰富空间形态。韵律是指节奏或相间交错变化，或重复出现，其周期性的相间与重复，形成的律动美感。

第二节　商业空间设计的程序

商业空间设计是在不断地设计与实施过程中逐步完成的。商业空间设计程序是指商业建筑的室内空间建造由开始拟定任务书到设计阶段工作完成进入施工阶段之前必须遵循的程序，它是保证商业空间最终效果的前提。商业空间的设计流程主要分为四个阶段：前期准备、设计草图、设计整合、后期制作。四个阶段环环相扣，联系紧密。前期的准备工作如果没有与甲方充分沟通，就容易出现反复修改的情况，给后面的设计与制作造成麻烦，任何一处细节上的疏忽，都会给接下来的环节带来麻烦，所以发现有错误，要及时查找是哪个环节的疏漏，避免日后同样错误的出现。

一、设计前期

设计师在承接商业项目前应做好 3 个方面的工作。

第一，明确设计任务和要求。即设计师要对商业空间的使用性质、功能特点、设计规模、等级标准、工程造价等方面同业主或设计要求等进行沟通，充分了解其理念与动机，以免造成矛盾。

第二，市场调研。设计从来不是纸上谈兵的描摹，而是建立在现实之上，通过实际行动予以实现。在设计前期只有充分了解市场的要求，才能够抓住设计主旨，从而更深刻了解消费者的心态，以及处于商业环境中人们的生活方式、思维观念等,才能更好地进行设计。即便是设计小型商业空间时,都应该充分了解商品的相关信息,细致分析消费者的购物心理、行为模式等。

第三,现场勘察和综合研究资料。对于商业空间环境的现场勘察有助于设计者更好地认识和解读空间现状(包括空间关系、采光、层高、管线、消防、尺寸及周边环境);广泛、充分地搜集和了解各方面的相关信息(包括设计资料、相关法律法规等),才能做到设计之前胸有成竹,最后拿出优秀的设计方案。

二、前期准备阶段

商业空间设计的前期准备阶段是在"设计前期"之后的具体准备阶段。包括以下几个方面。

（一）甲方对商业空间的总体要求

甲方必须提出明确的要求及大方向,避免设计上不必要的失误,主要有以下几个方面:

（1）商业空间的整体宗旨;

（2）市场战略目标;

（3）客户目标群体素质;

（4）商业空间样貌的意向描述;

（5）商业空间的地理位置及周围环境。

（二）甲方需提供商业空间设计所需的所有材料

除了总体的要求外,甲方还需要提供具体的商业资料,以便设计者准确地把握空间具体的展示内容、方位面积和附设装置。材料主要包括:

（1）企业 CIS 系列图标;

（2）图片、文字、模型等;

（3）影像资料、电脑数据;

（4）场地的实体照片以及平面图、立面图、剖面图;

（5）场地内附设电器的数量及位置。

（三）场地的实际情况及对特殊展台的相关规定

场地的实际情况与条件很大程度上制约着整体空间的设计，所以必须要有一个全面的了解，才能做出合理的方案与设计。具体有以下几个方面需要掌握：

（1）层高、面积；

（2）形状，有无障碍物；

（3）通道、电源、照明、通风、供水；

（4）距离室外进出口道路的长度；

（5）内部的装饰条件；

（6）面对入口的朝向；

（7）地面颜色条件；

（8）商业空间的特有规定。

（四）消费者群体分析

商业空间的消费者群体都有一定的指向性，在设计的时候，必须对消费者群体的性别特征、年龄层次、职业性质、审美品位、消费水平、文化程度有个基本的判断与定位，以便设计方案更有针对性。

（五）商业空间设计计划书

计划书的制订是奠定设计思路，把握设计方向的一个重要环节，关系到后面工作能否顺利进行。设计计划书主要内容是：

（1）设计项目的具体内容；

（2）工作质量标准与规范；

（3）确定时间节点；

（4）保障措施；

（5）经费预算；

（6）明确负责人。

（六）施工时间和经费预算

施工安排主要是对任务内容进行时段计划，讨论施工的时间段。计划安排需要对雨天、雪天、严寒、湿度、高温等天气气候的预测，考虑特殊气候对正常施工带来的麻烦，思考运用怎样的方法尽量规避施工拖延。同时做好施工人员的调配和作息时间、材料的选购和入场时间等。经费预算是在业主签订委托设计协议书之日起，由设计师依次作出初步报价和预算报价之后，签订合同形成的一份完整的报价书。其至少包括：

（1）工程数量即工程量；

（2）装饰装修项目单价；

（3）制作和安装的工艺技术标准。

三、草图拟定阶段

进入第二个阶段，主要是做整体的策划与创意，草图是确定设计方案的必经过程。

（一）整理与分析资料

在等到场地的资料后，设计师需去现场实地勘察，对素材进行分析与分类，挑选出有用的，然后提出规划意见。

（二）创意构思

分析资料后，根据甲方的意向要求，提出一个整体的核心思想。这是构思设计方案、构思创意造型的前提，是一个由创意思维到具体表达的过程。

（1）确定商业空间主题；

（2）商业空间创意构思；

（3）策划展示形式；

（4）创意说明概念。

（三）草图方案

草图方案是将创意思维图形化的一个记录，是创意的继续表达。创意构思阶段同草图设计阶段通常是交替进行的，没有明确的分割步骤。一个创意的萌发，就伴随着草图的体现，通过绘制，又将草图的信息反馈到创意中，进一步地深化，经过反复的反馈与深化，指导设计作品达到更好的效果。在最初设计草图的阶段，可以通过速写或淡彩的方式表现，也方便实时讨论与修改。如果条件允许，也可以用 3dmax 等软件建简单的初模,这样可以给予甲方更直观的展示效果。根据创意的目的与要求的不同,草图设计可分为不同的类型,大致有以下四种:方案式草图、专题性草图、素材型草图、创意性草图。前两个阶段完成后,就可以向甲方提供初步的材料了。包括四个方面:设计计划书、初步创意构思说明、草图方案、经费预算。

四、设计整合阶段

设计整合阶段要做的是将思路、草图等初步的设计进一步地细化调整,形成最终完整清晰的设计方案,并且将艺术部分与设计部分,以设计稿与设计说明的形式清晰地表达出来。设计与施工需要完美的结合,所以设计师的设计稿内容需要包括有效果图与施工图。效果图需要有多角度的,还包括局部图,以便清晰地展现。施工图需要有详尽的平面图、立面图、剖面图、电源线路、通信照明、自动化装置等示意图,以及设计说明。

（一）效果图整合设计

效果图主要是运用 AutoCAD、3dmax、Photoshop 等电脑软件来完成。AutoCAD 主要是绘制精确的施工图。3dmax 进行三维建模,再对模型给予贴图材质,然后打上灯光,打上虚拟摄像机,可以渲染出逼真的三维空间环境。最后利用 Photoshop 修饰细节、调整色调、添加配景,使效果图更有感染力。

它能将设计师预想的设计方案以比较真实、形象、直观的方式表现出来。效果图设计最常见的是运用透视原理绘制的透视效果图,运用一点透视、两点透视来再现场景真实效果。

（二）撰写设计说明

设计师需要对创意的产生、创意方案,有一个简明扼要的文字说明,以便甲方能更好地理解设计师的想法。文字说明的内容应该要对以下几个方面有解释:

（1）创意主题;

（2）商业空间布局说明;

（3）商业空间造型、色彩、形式说明;

（4）商业空间材料与工艺要求；

（5）商业空间制作预算；

（6）商业空间周期估算。

（三）调整修改

修改调整其实是在每一个阶段都需要反复进行的,将方案递交给甲方,与甲方沟通交换意见后,根据甲方的要求,制订修改计划。

（四）绘制施工图

施工图是设计中极为重要的一个环节,是将创意想法转化为现实的重要途径。设计师运用 AutoCAD 按照一定的比例要求,绘制出精准尺度的施工图纸。对于细节较为复杂的地方,还应绘制局部细节施工图。另外,对材料、灯具、水电、通信网络、管道等还应有具体的配置与定位。如对重点地方、新工艺的部分,需有专门的说明。设计师与施工人员需当面交接,做详细的商讨。

设计施工图是工程人员制作施工的依据。商业展示设计的施工图一般包括展示平面图、立面图、剖面图、施工详图等。国家规定的空间设计图图纸有几种规格：A0 图（841mm×1189mm）、A1 图（594mm×891mm）、A2 图（420mm×594mm）、A3 图（297mm×420mm）、A4（210mm×297mm）。特殊情况,图纸可按比例加长或加宽。这一部分的图纸主要运用 AutoCAD 去绘制。

1.平面图

（1）什么是平面图

平面图就是整个平面位置图。

（2）平面图的内容

平面图一般包括以下内容。

①划分区域。各专卖店功能区划分,展厅位置方位以及参展单位的展区组成部分,具体分为陈设区、演示区、服务区、洽谈区等。

②展示物所占空间的大小。根据展示物的体积大小,陈设区所占空间的大小应有相对变化。

③展示物安放的位置及尺寸关系。

④各剖面图、详图、通用配件等位置及编号、尺寸标注。

2. 立面图

立面图能直观地反映建筑物、展示道具、展品造型等的外观形象，并能反映它们之间竖向的空间关系及一些嵌入项目的具体位置和空间关系。

（1）什么是立面图

商业空间设计中的立面图是立面在某个方向对展示空间进行剖切后，人眼向水平方向看去而画出的正投影。

（2）立面图的基本内容

①展示区结构与建筑结构的连接方式、方法及相关尺寸。

②展示区、道具的立面式样及高度和宽度尺寸，主要的结构造型尺寸。

③展品高、宽尺寸及与环境立面的关系。

④绿化、组景设置的高低错落位置及尺寸。

3. 剖面图

剖面图是与平面图和立面图结合起来表达设计细节的图。剖面图的数量根据所表达对象的具体情况和施工实际需要而定。

（1）剖面图的定义

商业空间展示设计中的剖面图是为了表达展示物构件或展示道具的内部结构、形状和工艺，假想用一平面把建筑物沿垂直方向切开，切面后面的正立投影就叫作剖面图。因剖切的位置不同，剖面图又分为横剖面图和纵剖面图。

（2）剖面图的基本内容

剖面图一般包括以下内容。

①标明建筑物内部在高度方面的情况，如屋顶的坡度、楼房的分层、房间和门窗各部分的高度、楼板的厚度等。

②表达商业展示构筑物的内部结构、构造和工艺。如长期陈列展示，首先要对原建筑物空间进行分割，安装展墙、展架，这就需要用剖面图来表示它们的结构关系。

③剖面图的图名一般要用剖切符号编号，编号要用数字并要与平面图上所标示的完全一致。

4.施工详图

在商业空间和商业展示道具设计完成并定案后,要进行具体的施工与制作。施工详图就是解决各细部结构、材料、尺寸及构造关系的节点图或节点大样图。

（1）详图的比例

详图的比例可采用 $1：1$、$1：2$、$1：10$、$1：20$、$1：50$ 等。

（2）详图符号及索引符号

详图符号画在详图的下方,详图索引符号画在平、立、剖面图中。有些方案需要详图进行说明解释,以解决节点、结构和做法的示意位置,并用引线引出。

5.展线布局图

展线是指展示空间中人参观展览的流动线路。在通常情况下,进专卖店、展厅的路线可以与平面布局图同时表现在一张图中。空间的合理分布,可以方便消费者进入和购物,便于货品推销和管理,使货品的陈列更有效。通道的规划要符合人体工程学原理,以"便捷、引导、安全、尺度"为宗旨。按照吸引→进店→浏览→购物(或休闲、餐饮)→浏览→出店的原则。

（1）人的流动

一种情况是指消费者在卖场的走动的动线布局,也叫通道动线设计。消费者进入卖场的流动曲线,这种动线的设计是否合理直接影响商品的销售,在商品陈列时也要按照动线进行布局。

（2）展品的流动

利用展品本身的特点,进行动静态展示。例如,汽车展示、突破静态放置的特点。此外,可以运用一些特殊的动态展架,使展品放在上面有规律地运动、旋转。

（3）展具的流动

这是指通过自动装置使展品呈现运动状态的设计。常见的自动展具有旋转架、机器人等。

五、后期制作阶段

进入后期的施工阶段,看似设计师的任务比较少了,但是因为施工都是按照图纸来的,所以设计师需要对整个项目继续跟进,遇到问题需要修改图纸,也要设计师来跟进解决。

(一)确定材料

在实际的施工中,因预算紧张、指定材料缺货,或者发现更好的新材料等情况需要更换材料是经常发生的事情。甲方也会对材料的选择有一些更改意见或看法,设计师应结合实际情况,从整体的视觉效果把控方面,确定材料如何更改。

(二)调整预算

在设计方案最终稿确定以后,须对经费预算进行更精细的计算,做出正式的财务预算。这项工作需要由设计师与施工方协商完成,因为只有在设计师的配合下,才能做到既控制成本又能达到预期的效果。也有甲方自己有施工方的情况,不过这也需要设计师的加入,因为设计方案可能会有需要调整的情况。

(三)施工制作

设计师应经常到现场跟进施工的情况,发现问题,及时在现场做出调整。图纸有缺陷或问题的,及时做出修改,有施工困难的地方,与施工人员沟通并予指导。

(四)商品陈列调整

完成施工后,布展陈列,设计师也需到场重新调整灯光、角度、妥善放置商品,使现场能达到最好的陈列效果。

(五)整理保存资料

在所有工作完成后,保存并整理好全部的资料,也是设计师对自己设计经验的积累。

第三节　商业空间设计的生态理念

生态设计是一个体系与系统。也就是说它不是一个单一的结构与孤立的艺术现象,生态设计与生态学、生态美学、生态技术学等彼此交融,正是多学科的嫁接与交叉使这一设计思想具备了极大的开放性和包容性。

一、生态设计理念

生态设计,也称绿色设计或生命周期设计或环境设计,是指将环境因素纳入设计之中,从而帮助确定设计的决策方向。生态设计要求在产品开发的所有阶段均考虑环境因素,从产品的整个生命周期减少对环境的影响,最终引导产生一个更具有可持续性的生产和消费系统。

生态设计理念体现在以下方面。

（1）整体设计的系统观,对设计的整体考虑,对设计系统中能量与材料的慎重使用。

（2）多元共生的设计共生观,与自然、环境共生,设计产品应该符合生态规律,有益于环境的健康发展。

（3）倡导可持续发展的设计观,注重经济发展、合理利用资源、保护自然和人文环境、发展的长远性、质量和伦理。

二、材料、装修

（一）生态建材

生态建材又称绿色建材、环保建材和健康建材等。生态建材是指采用清洁生产技术,少用天然资源和能源,大量使用工业或城市固态废弃物生产的无毒害、无污染、无放射性、有利于环境保护和人体健康的建筑材料。

一般来说,生态建材具有以下特点。

(1)来自生态环境、可持续的材料资源。其主要特征首先是节约资源和能源,减少环境污染,避免温室效应与臭氧的破坏。在欧洲和美国,首选的建筑材料为木材,并作为一个可持续的资源被看作是生态建材。林木规划、种植、开采、加工是可持续、循环的材料资源管理系统。

(2)加工环节少的材料。越是自然的、未经处理的材料,它的可循环利用的能力越强。如原木、树枝和经过简单开片的木料。木材的获取(包括制造、运输和供应)需要的能量小,并且对环境造成的负荷小。木材还有很好的隔热性能,这也是它被当作低能耗房屋理想材料的原因。木材还具有施工周期短、布局与造型灵活以及维修和翻修方便的优势。

(3)容易回收和循环利用。目前,国内外各种各样可称之为生态建材的新型建筑材料层出不穷,如利用废料或城市垃圾生产的"生态水泥"等。

(二)减少现场装修

商业空间装修活动较之其他行业更加频繁,尤其是中小餐饮、发屋、专卖店、零售企业的装修频率特别高。店铺装修过程中占用场地、交通、公共资源,施工所产生的噪声污染、油漆污染、粉尘污染等,对周边环境影响较大。其原因及减少现场装修的控制方法如下。

1. 商业空间装修活动频繁的原因

(1)通过装修出新吸引消费者。现在的街面上,老字号、老招牌、老形象几乎没有了,普通店铺的门面和室内装修要不断出新,才能在不断流失老消费者的同时,吸引来换口味尝尝鲜的新消费者。

(2)发廊时尚化、饮食潮流化,风格口味跟风变,发廊、餐饮店必须时常翻新门面和内部布局与装修出新,跟上风尚。

(3)商业竞争激烈,更换业主和营业店铺频繁,歇业开业此起彼伏。营销模式改变,必然带来营业空间的不同使用,新装修在所难免。

2. 减少现场装修的控制方法

(1)经过对原有室内装修物的再设计,最大程度利用原有立面、家具出新。

（2）使用生态建材，实现零污染，对长期经营活动极为重要。

（3）控制施工时间，减少现场装修工期。要尽可能采用模数化设计，工厂化加工，现场安装。

第四章

商业空间的室外与组合设计

室内设计往往被看作商业空间设计中的重点，但其实室外以及室内外的组合设计也有着不可替代的意义。从古代城市中古色古香的名家牌匾到郊外迎风招展的南郭酒旗，室外设计早已融入了生活与匠心，而现代城市商业店铺形形色色，纷纭林立，又要求我们兼顾到其中的组合。在本章中，我们将着重论述商业空间中的室外设计与组合设计，在论述组合设计的时候我们将会更加侧重于室外区域，如何设计好优越的商业外部动线也是组合设计需要重点考虑的部分。

第一节 商业空间外部构成

一、商业空间外部构成概述

一般来说,商业空间外部构成包括闭合式独立空间、流通空间和全面空间。

(一)闭合式独立空间

闭合式独立空间是指以建筑物本体为起点的商业外部空间,在其外部空间的展示上以空间的功能为第一属性,以节约空间为主要目的。在通常意义上,一般称为临街店面。

由于商业外部闭合空间的局限性,在设计上可以采用自由平面空间和自由立面空间的构成形式。自由平面空间,即进入商业空间活动的人们可以自由地根据自己的需要划分室外商业空间,极大地实现了空间划分的灵活性和适应性。自由立面的空间构成形式,即指在室外商业空间构造中加入建筑的自由立面,使得建筑立面和内部功能更加合乎逻辑,是室内空间状况的外部呈现。

(二)流通空间

流通空间是与以往的封闭式或开敞式空间不同的空间形式,其流动的、贯通的、隔而不离的空间开创了一种全新的空间模式。室外商业空间本身就是一种引导式与过渡式空间,它在空间上的构成形式具有流通的特点。室外空间的相互穿插,不同商业空间之间相得益彰,并在室外和室内之间彼此贯通。这种空间的流通性不仅仅只具备商业活动本身之间进出的二维流通,还可以从更广泛的角度发展成三维甚至四维性的流动空间。流通空间的主旨是不把空间作为一种消极静止的存在,而是把它看作一种生动的富有活力的因素。尽量避免孤立静止的体量组合,追求连续的运动空间形式,在商业外部空间设计中,应注意营造优雅的人文环境,增进空间与人之间的亲和感与共融性,实现空间的流通特征。

当然,室外商业空间的流通性构成是一种理性的、有秩序的有机空间组合,并且在空间的纬度上是静止的,主要是强调空间的功能与实用性,营造随意、自由的空间环境。

（三）全面空间

全面空间或称为通用空间、一统空间。其实是对流通空间的进一步扩展。在流通空间里大的空间被划分为几个互相联系贯通的小空间,当我们把其中隔墙移走,留下的将是一大片空间整体,在这片空间中我们可以完全随意布置,将其改造成任何我们想要的形式。随着人们对生活环境要求的日益提升,在商业空间规划开始时,购物广场的设计已经纳入商业空间的日常规划,这不仅仅可以改善周边居民的生活环境,也为商业空间增加了无形资产,如可以随时进行各种商业活动,增加销售额;在商业外部空间的全面空间构成形式上,可以实现商业活动的人性化,实现"商道即人道"的和谐环境。

二、商业店面设计

商业店面作为商业活动空间向外展现自己的窗口,是商业空间设计的重要组成部分。在人流汇聚的地方选择正确的商业店面设计风格将会对扩大商业空间的影响、吸引合适的消费人群起到关键性的作用。

在商业店面的设计上,往往包括这样几个组成部分:店面门头、店面立面、店面周围环境等。

（一）店面门头设计

商业环境设计中店面门头设计大多是标识性设计,简言之就是能准确地告诉消费者进入了什么样的商业空间。在设计原则上一般采用商品或企业标识、色彩、图形等统一元素构成。店面门头设计要充分体现出商业空间的特色,将最突出的元素展现出来,例如图4-1中环球影城的门头设计用白与蓝搭配的简洁明朗色调,将超级英雄的典型元素融入其中,醒目地塑造了一个梦幻入口。

图 4-1　环球影城门头设计

（二）店面立面设计

商店立面决定店面的设计风格，并在一定程度上隐含商业内部空间的风格特征，较能体现出企业或商品的空间特性。店面立面有助于消费者建立对卖场的第一印象和传达室内空间的艺术形象。设计时应从城市环境整体、商业街区景观的全局出发，以此作为构思的依据，并充分考虑地区特色、历史文脉、商业文化等方面的要求，体现不同商店的行业特性和经营特色。了解建筑结构的基本结构，充分利用原有结构作为外立面装饰的支撑和连接点，使立面造型外观与原建筑结构整体牢固地联系，外观造型合理。外立面造型设计具体需要从立面划分的比例尺度、墙面与门窗的虚实对比、光影效果、色彩材质这几个方面来考虑。

（三）店面周围环境设计

店面周围环境设计主要从设计整体要求出发，符合商业外部空间的"流通性"特征，通过对店面周遭环境的细节设计，强化商业店面设计的艺术美，营造具有主体关怀的空间环境，拉近商业空间与人们的沟通，在美化"心理空间"的同时，间接实现商业活动的目的。通常通过添加景致、灯光等形式进行绿化、亮化、人性化甚至艺术化的设计。

三、橱窗展示设计

商店橱窗是商业空间中一种十分巧妙的外部装饰。它是商业内容的第一展示空间,是进行商品宣传的典型广告形式。橱窗设计,往往能够体现一个商业店面的艺术品位和文化情操,从消费者的角度来看,优秀的橱窗设计可以使人感到舒适、富有美感。

（一）橱窗的陈列形式

1. 系列化陈列

系列化陈列指的是在橱窗中对同一系列的产品进行陈列。特点是错落有致、层次清晰。在布置系列化橱窗中,我们首先要对商品进行挑选、归纳和组织。如图 4-2 是一个服装商店的系列化陈列橱窗,模特的衣着搭配均为同一色调、同一风格。

图 4-2　系列化陈列橱窗

2. 对比式陈列

对比式陈列是指橱窗在陈列商品的时候,采用对比式的手法。在橱窗的构图、灯光、装饰、道具、展柜、展台的展示手法上,采用对比式设计,形成强烈、鲜明的视觉反差,达到主次分明、相互衬托的展示效果。

对比式陈列既可以出现在不同的商品中间,也可以出现在相同的商品之间,图4-3即是在椅子大类中的对比式陈列。

图4-3　对比式陈列

3. 重复陈列

重复陈列是商品展示中常用的手法,特点是使消费者受到反复的视觉冲击,从而在感觉和印象上得到强化。这种陈列方式往往会给消费者留下较为深刻的感官印象。如图4-4为一家酒吧的橱窗陈列,大量酒瓶的重复摆放给人轻松、明朗的感觉,营造出了一种旖旎的风情。

图4-4　重复陈列

4. 场景陈列

场景陈列是指运用造景、背景和灯光等环境表现手法塑造特定生活空间、季节特征、自然情景及其他艺术性特殊场景,并将所要展示的商品布置其中,生动、形象地说明商品的用途、特点,从而对消费者起到消费引导的作用。如图 4-5 就是服装商店橱窗中展现的圣诞主题的场景陈列设计。

图 4-5　场景陈列

5. 连带式陈列

连带式陈列是将在使用中相关的商品放在一起进行陈列,例如西装和衬衣、领带、皮带以及其他相关的服饰品,作为成套的系列商品进行连带陈列。这样可以有效地进行整体宣传,从而使消费者产生成套购买的想法。这种陈列形式应注意在进行组合、搭配时对款式、色彩、风格、价位等方面做到协调、有序、合理,并且能体现出商品的主次,兼顾整体性、协调性和层次感。图 4-6 中就是一个服装主体的连带式陈列橱窗。

(二)橱窗设计的作用和意义

1. 橱窗设计在商业空间中的作用

橱窗可以通过独特的环境,把花样繁多的商品,巧妙组合布置构成富有装饰性的货样群,同时配以各种形式的说明文字和装饰文字,向消费者宣传商品。橱窗设计在商业空间中往往具有不可低估的作用。橱窗设计以其真实感和充分的暴露性,刺激消费者产生了解和认识商品的欲望。它的特点是直接面对消费者,有强烈的直观性和示范性,通过商品具体真实和形象鲜明的陈列展示,使消费者进一步知道商品的名称和其真实存在,并对商品的各个方面有清楚的认识了解。因此,橱窗更容易引发消费者的购买兴趣和购买欲望,人们把配合经营者推销商品的橱窗誉为无声的推销员。

图4-6　连带式陈列

2. 橱窗设计对于商业空间的意义

我们可以看到一些世界知名品牌的橱窗不断地在更新,将公司的统一形象与别致的橱窗设计相结合,共同展示在公众的眼前。传达着属于自己的特色和品牌形象,扩大企业的知名度、信誉度和美誉度,同时也是一种企业文化的阐释。为商家树立品牌形象,给商品带来“软价值”的提升。橱窗设计既是实用艺术,反映出经济价值,又是欣赏艺术,具有强大的艺术表现力。橱窗设计源于商业的需要,又服从于商业的需要,其艺术性最终还是为它的商业性服务的。它是商业与艺术的统一体。所以,橱窗设计对于商业空间的整体发展和提升有着重要的意义。

（三）橱窗设计原则与要求

橱窗设计切忌千篇一律、没有特色。造型要反映出本店的风格,经营商品的特点。橱窗展示是一门造型艺术,商品的大小、方向、轻重各异,如何进行排列组合,分布空间,都要围绕展示目的和主题以及消费者的喜好等因素来考虑,以构造出形象新颖、引人入胜的橱窗造型。

橱窗设计必须遵循平衡、立体化、多样化和色彩有序的原则。按照平衡的原则来布置商品,可以传递一致性的视觉效果;按照立体化原则,可使整个陈列面具有立体感和深浅错落的空间效果;按照多样化原则,可使消费者获得趣味性视觉享受,产生购买欲望;按照色彩有序的原则,可使整个卖场主题鲜明,给人以井然有序的视觉效果和强烈的冲击力。就基本要求而言,橱窗设计必须反映商品的特色,使消费者看后感兴趣继而产生购买欲望。商品的放置应具有协调感,并通过顺序、层次、形状、色彩、灯光等表现出明确的诉求主题,使其整体形象具有较高的艺术品位和欣赏价值。橱窗设计还要具有一定的美感,使其发挥艺术品陈列室的作用,通过对展示产品进行合理搭配来表现商品之美。

第二节　入口与门头

商业空间入口的大小尺度是根据商店卖场的体量、人流、车流的大小来设定的。商业空间入口的位置可设在商店的不同部位,如商店立面的中部、商店立面的拐角处、商店立面的边部、商店平面的端部等。另外,还可设在商店的不同标高处,如地下室、底层、二层、三层等。不同大小、不同部位的商店入口其形态是不同的。

一、不同形态的入口与门头

根据入口与门头的形态可将它们分成平面形、凸出形、凹入形与跨层形四种。根据建筑设计的阶段区分,可将其分为与建筑设计同步完成的本体形入口,以及在建筑设计之后再二次设计的重构形入口。

（一）平面形

这种类型的入口与门头的立面与建筑的立面基本处于建筑平面的同一轴线位置上（图4-7）。这种形态的入口与门头呈平面形，它往往能保持建筑外墙的整体感和立面构图的简洁性。在建筑立面与规划红线靠近的情况下，如大部分临街的商场通常采用这种类型的入口与门头。

图4-7　平面形入口

（二）凸出形

这种类型的入口与门头在形态上凸出于建筑物的外立面。如图4-8法国巴黎卢浮宫的入口特色设计，这是一种非常典型的凸出入口形式。

图4-8　巴黎卢浮宫入口

（三）凹入形

这种类型的入口凹入于建筑外立面之内（图4-9）。通常它将入口的构造与建筑构造融为一体，以内凹的虚空间与建筑外立面形成鲜明的形体和光影的对比，给人以丰富的空间层次感。当大型公共建筑的外立面与规划红线紧靠时，往往采用这种类型的入口。另外，一些现代大型建筑为了取得一种特殊的文化含义或一种震撼的视觉效果，也常采用这种类型。在建筑设计时一次性完成，这种入口称之为本体形入口。这种入口的形态、色彩、材质等都是建筑本体的有机组成部分，因此在视觉上容易与建筑本体形成统一的整体感。

图4-9　凹入形入口

本体形入口严格说来又可分为以下两种形式：一种是靠本体的受力结构来构筑形态，它以暴露内在结构或者以超常的体量与尺度来展示它震撼人心的效果；另一种是由建筑的实体界面围合而形成的敞开形入口，它的特点是利用围合空间作为形态处理的重点，而将界面的表层处理放在其次。这种类型的入口在形态上有拱形、弧形、矩形等，在尺度上有符合人体常规尺度的，也有与建筑尺度相吻合的非人体尺度的，在空间序列上有内外空间分明的，也有内外空间互相渗透、交叉的。总的来说，本体形入口体现了以下四种特征：

（1）入口的形态作为建筑的一个局部，与建筑的整体关系紧密结合。

（2）入口的形态展示了建筑结构和构造的形式。

（3）入口的形态展现了建筑本体空间或环境空间的序列性。

（4）入口的平面关系反映了建筑功能的合理性。

通常状况下，这四种特征都同时反映在建筑的同一入口上。

（四）跨层形

有的商业空间与门头跨越数层，形成立体形交通网或大面积的门头装饰，这种跨层形的入口与门头一般适用于大型公共建筑中。这种类型的入口可以使建筑内外的交通更为便捷，同时也使建筑立面的造型更为丰富。

二、商业空间入口设计的影响因素

入口区是一个过渡空间，而不是简单的设施。门或者洞是整个空间的重要组成部分，扮演着故事开始和结束的角色。空间入口区的设计除了要有助于消费者进入时保持井然有序，满足基本的空间过渡、顺畅流动的功能外，还应体现自身特色。因此，商业空间的入口区设计无论在材料、色彩、造型等方面都要满足功能需要，还要具备形式美感，突出个性和特色，使形式和内容完美结合。

从空间的节奏和序列对消费者产生的心理影响来说，入口区是让消费者体验从室外到商业空间内部的过渡区域，这就需要在大门和前厅服务区之间设立小型的玄关入口门厅，这样在消费者正式进入前便能够给消费者提供一个短暂的缓冲空间。然而，很多卖场空间没有入口门厅空间或者入口门厅空间过于狭小，导致消费者不能进行短暂的停留或在此产生拥堵现象。而最大化利用空间，往往牺牲入口的公共空间，在此处摆放就餐桌椅，完全以功能为主，较少考虑人群的视觉与心理需求。久而久之，势必会使消费者产生不好的心理感受，容易导致这些空间缺少吸引力。尽管宽阔舒适的入口厅会占用营业面积，但从长远的角度来看，这样做是利大于弊的。

入口区的形式各种各样，气候等因素可以影响入口外观，在进行入口区设计时需要考虑这些因素对消费者舒适度的影响。因此，设计入口区时应考虑温度、光照、声音这三种自然和物理环境因素的调节作用。

（一）温度对入口区设计的影响

　　从温度这一环境因素的角度讲，入口区的气温应在合理的范围之内，以使消费者在进入商场空间后感到舒适。比如在寒冷的气候条件下，可考虑在商场的入口区设置双层门或防风门斗，以形成空气隔离带，使进门的消费者不会感觉冷。此外，门的结构和材质也会影响消费者的心理感知，例如，双开的玻璃门会让消费者感觉清洁、明快，也让消费者易于看到餐饮空间的营业状况，正在购物的消费者则可以看到商业空间外面的情景，而精心设计的木门则会让消费者在心理上有一种温馨感。如图4-10，北京的通惠小镇酒吧街中厚实的白色石墙与简朴的木质门梯的结合既能在一定程度上保持温暖，又能给人营造一种复古的格调。

图4-10　北京通惠小镇酒吧街

（二）光照对入口区设计的影响

　　在光照方面，入口区的光线要根据室外光线进行调节，比如消费者从耀眼的阳光下走进商业空间时，由于光线强度的不同，消费者会觉得很不舒适，甚至出现暂时看不清楚的情况。因此，入口区的人工光照应具备一定的调节能力，以起到缓冲的作用。

（三）声音对入口区设计的影响

在声音方面，由于入口区是消费者进出及等候其他消费者的集散地，聚集的消费者较多，所以此处的声音必须得到控制，设计时可考虑在天花和地面使用隔音或消音的材料。

第三节　商业空间的序列组合设计

一、商业空间设计的序列组合

各商业空间单元由于功能或形式等方面的要求，先后次序明确，相互串联组合成为不同的空间序列形式。现代商业空间中，中心式、线式、迂回通道式、组团式是比较常见的空间序列组合方式。

（一）中心式组合

中心式空间序列组合适用于中轴对称布局的空间，以及设有中庭的空间等。中心式空间序列组合设计强调区域主次关系，强调中轴关系，强调区域共享空间与附属空间的有机联系。中心式组合的空间形态强烈对称，冲击感强，富有递进、庄重、有序的感受。通常在开阔的市政广场、大型购物中心的中庭、酒店大堂等，会采用这种强烈有力的空间序列组合手法。而"设立""地台""下沉""覆盖""悬架"等都是中心式组合的常用空间形态。

中心式组合内的交通流线可以采取多种形式（如辐射形、环形、螺旋形等），但几乎在每个情况下流线基本上都在中心空间内终止。中心式组合通常有"中心对称"以及"多中心均衡"两种主要组合形式。两者区别是中心对称强调对称美感，通常有一个视觉中心区。而"多中心均衡"着重于均衡构图，不强调绝对对称，通常有两个或者三个视觉中心区（图4-11）。

图 4-11　中心式组合

（二）线式组合

　　线式组合是将体量及功能性质相同或相近的商业空间单元，按照线形的方式排列在一起的空间系列排列方式。线式组合是最常用的空间串接方式之一，适用于商业街及平层的商铺区，具有强烈的视觉导向性、统一感及连续性。统一元素风格的走廊、完善的导购系统等都是线形排列组合的常用手法。如图 4-12 中的福州老城区三坊七巷就是典型的线式组合商业区。

图 4-12　福州老城区三坊七巷

线式组合常用走廊、走道的形式在空间单元之间相互沟通进行串联，从而到达各个空间单元。商业空间中过道的作用是疏散人流和引导，也影响商铺布局。商场过道宽度设置要结合商场人流量、规模等因素，一般商场的过道宽度在 3 米左右。过道的指引标志主要是指引消费者的目标方向，一般要突出指引标志。特别在过道交叉部分，指引标志设计要清晰。通过过道和商铺综合的考虑，最大限度地避免综合商场内的盲区和死角问题，同时更加考虑到消费者在商场内购物的自然、舒适、轻松的行为过程和心理感受。

图 4-13　线式组合中的走廊

线式组合设计，需要注意增加局部变量，使空间连续形态更为丰富。线式组合也可以迂回通道式组合，多设立交叉路口的设计或者采用回路的方式。四通八达的商业路网，可以使消费者购物时快捷到达要去的区域，可以增加更多行走路线的选择。

（三）组团式组合

组团式组合通过紧密、灵活多变的方式连接各个空间单元。这种组合方式没有明显的主从关系，可随时增加或减少空间的数量，具有自由度。它是指由大小、形式基本相同的园林空间单元组成的空间结构，该形式没有中心，不具向心性，而是以灵活多变的几何秩序组合，或按轴线、骨架线形式组合，达到加强和统一空间组合，表达出某一空间构成的意义和整体效果。适用于主题性较强的体验店、娱乐场等，显得空间活泼，层次多样。如图 4-14 中的莫斯科现代化金融商业区莫斯科城就是典型的组团式组合商业区。

组团式组合具有以下几个优势。

（1）组团式可以像附属体一样依附于一个大的母体或空间,还可以彼此贯穿,合并成一个单独的、具有多种面貌的形式。

（2）可以区分多个视觉中心,突出不同的产品展示,满足差异化区域。

（3）组团式布局使得空间有机生动,但是要合理安排交通流线,避免空间混乱。

图 4-14　莫斯科城

二、商业动线

商业空间规模日益增大,更多的功能和业态逐渐融入其中,而"商业动线"将不同功能与业态串联在一起,将客流运送到每一个商业节点,进而渗透到商业空间的每一个角落。良好的商业动线可以在错综复杂的商业环境中,为客流提供一条清晰的脉络。可让消费者在商业空间内停留的时间更久,降低其购物疲劳度,经过尽可能多的有效区域。使消费者购物的兴致、兴奋感保持在一个较高的水平。

（一）消费行为的动线设计

动线,是建筑与室内设计的用语之一,意指人在室内、室外移动的点,连起来就成为动线。在商业地产中,动线就是商业体中客流的行为运动轨迹。良好的商业空间动线设计,可以让消费者在商业体内部停留时间更久,尽可能经过更多有效区域,降低消费者体力消耗,从而使其购物兴致、新鲜感、兴奋感保持在较高水平。一般而言,好的商业动线具有以下三个条件。

1.增强商铺可见性

一个商铺的可见性强弱决定了这个商铺所在地段的租金价值,一个商铺被看见的机会越多,位置就越好。

2.增强商铺可达性

可达性和可见性是有联系的,可见性是可达性的基础,只有"可见",才会有"可达"。因此,在"可见"的基础上,经过最少道路转换的路径可达性最高。

3.具有明显的记忆点

提高动线系统的秩序感,从而提高消费者的位置感。在空间中提供给消费者明显的记忆点,让消费者尽快能找到自己想要去的商铺。

(二)商业外部动线

商业动线一般分为"外部动线"和"内部动线"。"外部动线"是指联系商业空间外部人流及交通。"内部动线"用来联系商业空间内部人流及交通。

外部动线主要内容包括联系外部道路、停车场进出动线、行人动线系统、货车动线系统。内部动线由中庭动线规划及楼层动线规划两部分组成,主要由平面动线、垂直动线和动线结合处组成。设计科学合理的商业动线是人流交通组织联系各承租户的纽带,从而使承租户创造出最大的商业价值。我们主要对商业空间中的外部动线进行研究。商业空间中的外部动线包括以下几个类型。

1.联系外部道路

在规划大型商业空间联外道路系统时,应考虑该项目周边道路现有的交通状况,主大门、侧门及广场尽可能面向主道,这样才能吸引人流及方便行人进出。联外道路与完善的交通运输网联结,能扩大商业空间的辐射范围,方便购物者到达及货料运送。

2.停车场进出动线

一般规划停车场进出口时,应注意的事项有以下几项:出入口应设于交通量较少的非主道路上;若一定要设于较大车流量的道路上时,必须在出入口处向后退缩若干距离以便车辆进出,并应配合道路的车行方向以单进单出,避免进出在同一个进出口;采用效率较高的收费系统以节省车辆进出时间;汽车、摩托车操作特性不同,进出口应尽量予以分开。

3.行人动线系统

行人动线系统分为以下几种:

(1)对于驾车的消费者,若消费者把车辆停放在购物中心附设的地下停车场内,应直接由升降梯或楼梯即可到达商业空间内部。

(2)若消费者把车辆停在较远的停车场,则应考虑其可能的动线,最好避免穿越交通量大的道路,可以用地下通道方式加以解决。

(3)对于乘坐地铁的消费者,商业空间的地下层最好与地铁出口连接,消费者可以直接由升降梯或楼梯到达。

(4)对于乘坐公交车或者步行的消费者,最好采用地下通道或者天桥的方式将线路连接起来。

4.货车动线系统

从停车卸货开始经过商品管理,接着上升降货梯,到进入卖场仓库的这个过程是后勤补给动线,此动线的特点是要够宽敞,至少180cm,足够人员和推车通过;亮度要足够,一般大约300～400lx;通道两侧壁面要做耐撞处理,地坪要平顺耐磨,使推车不受阻碍,而这条动线一般要尽量与一般消费者的汽车及行人动线分开。

第五章

商业空间室内设计

室内界面是指围合成卖场空间的地面、墙面和顶面。室内界面的设计既有功能技术要求，也有造型美观要求；既有界面的线性和色彩设计，又有界面材质选用和构造问题。因此，界面设计在考虑造型、色彩等艺术效果的同时，还需要与房屋室内的设施、设备等周密协调。本章就将围绕色彩设计、照明设计、材质设计和家具陈列设计对商业空间的室内设计作出分析。

第一节　商业空间色彩设计

一、色彩的概念

色彩是由光与被照射的物体表面的色彩相貌相互作用所产生的。色彩到达人的视线范围必须借助光的作用才能实现,光是决定色彩的重要因素之一。色彩具有三种属性,即色相、纯度、明度。色相是色彩互相有别所呈现的面貌,如红、橙、黄等色;纯度也称彩度,是指色彩的强弱、鲜浊或饱和程度;明度是指色彩的明亮程度。图5-1为标准色轮。

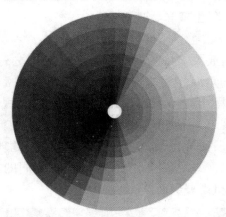

图 5-1　标准色轮

色彩的三要素使世界变得万紫千红,而人们在丰富的色彩变化中,逐渐认识和了解了颜色之间的相互关系,并根据它们各自的特点和性质,总结出色彩的变化规律,从而把颜色概括为原色、间色和复色三大类。原色是无法用其他颜色相调出来的基本色,即红、黄、蓝三原色;间色是由两种原色等量相调而出的橙、绿、紫等颜色;复色是由原色与间色相调或用间色与间色相调而成的,包括除了原色和间色以外的所有颜色。

图 5-2　各种色彩

二、色彩的心理、生理和物理反应

色彩是设计构成要素中极其重要的形式要素之一,因其在物理、生理与心理方面起的重要作用决定了其设计地位。牛顿的棱镜光学实验证明,色的概念实际上是不同波长的光刺激人眼的视觉反应(图 5-3)。色彩也会因不同观者、不同条件产生不同的情感体验,从而引申出色彩的内涵、喜恶、象征性、表情性以及色听现象(即联觉现象),使色彩与生活紧密地结合起来。总之,不同的色彩能给人不同的视觉感受,从而影响人的心理、生理和物理层面。

图 5-3　反射效果

（一）冷暖感

　　冷暖感实为人体触觉对外界的反应,色彩本身并无冷暖的温度差别,对色彩的冷暖感是人们由于经验及条件反射的作用,视觉成为触觉的先导,从而使色彩引起人们对冷暖感的心理联想与条件反射。动态大、波长长的色彩如红、橙、黄等色给人以暖的感觉,如图5-4;动态小、波长短的色彩如蓝、蓝紫(图5-5)等色给人以冷的感觉。色彩的冷暖感是物理、生理、心理以及色彩本身属性等综合因素共同作用的结果,对人的心理产生比较强烈的影响。暖色会让人兴奋,并使人产生积极进取的感觉,冷色则消极退缩,让人感觉沉静或者压抑。

图 5-4　日出

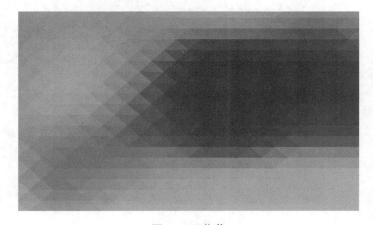

图 5-5　蓝紫

这与人们长期的感觉经验是一致的,当人们的眼睛看到某种色彩时,受到一定的刺激,会产生许多在客观外界所习见的种种概念,引起一些联想。如红色(图5-6)、黄色,让人联想到东方冉冉升起的太阳(图5-7)和燃烧的火焰(图5-8)等,感觉热。以原木色为主形成的暖色调(图5-9)给人带来一种温暖的感觉,使空间显得温馨、和谐。而青色、绿色(图5-10、图5-11)一类像水一样的色彩让人联想到大海、晴空、森林等,感觉冷。如图5-12和图5-13所示,设计师采用白色和蓝色作为空间主色调,透出点点蓝光为冷饮店营造出仿若南极的冰冷氛围。

图5-6　红色

图5-7　日出

图 5-8　火焰

图 5-9　原木色装修

图 5-10 绿色店面

图 5-11 绿色桌面

图 5-12　蓝白色店铺

图 5-13　蓝色调店面

　　色彩冷暖的塑造需要考虑到消费者的生活经验和地域情况。商业空间环境多采用低照度的冷色系,以免干扰消费者的视线;娱乐、餐饮、运动等空间则采用明朗轻快的色调,如图 5-14、图 5-15。

图 5-14　用餐环境

图 5-15　娱乐场所

（二）距离感

明度高的暖色调能给人前进和扩张的感觉,明度低的冷色系能给人后退内敛的印象。同时,色彩还能改变商业环境的尺度感。商业空间过小时采用前进色,能使空间看上去体量更大;商业空间相对较大时,可以采用冷色或暗色(图 5-16)。

图 5-16　理发店装修设计

（三）轻重感

明度高的色彩使人感觉轻快灵动,明度低的色彩使人感觉沉稳时
尚;饱和度高的色彩明艳动人,饱和度低的色彩朦胧唯美;暖色使人感
觉明快热情,冷色使人感觉厚重内敛。

白色物体让人感觉轻飘,如白色的棉花(图 5-17)、纱窗等,黑色物
体让人感觉沉重,如黑色的金属等。因此,在室内色彩设计中,通常采用
上轻下重的手法,构图中常结合色彩轻重感的规律达到平衡、稳定以及
表现风格的需要,如轻飘、庄重等(图 5-18)。

图 5-17　棉花

图 5-18　黑色建筑物外观

三、商业空间中的色彩类型

商业空间中的展示色彩主要指主体色彩和环境色彩,这两者是相辅相成的。主体色彩主要指展示空间中展品色、道具色、光照色和展示版面色四个部分,这些色彩关系常体现为对比色或协调色。

(一)环境色

环境色是展示空间中面积最大的色彩,能在商业展示空间中形成主色调,对空间中的展品、展具等起到衬托和烘托的作用(图 5-19)。

图 5-19　餐厅环境

（二）展品色

展品色是展示的主体和中心，所有的色彩关系都是为了衬托展品的色彩（图 5-20）。

图 5-20 珠宝展示

（三）道具色

道具色是为配合整个色彩空间而存在的（图 5-21、图 5-22）。

图 5-21 衣服展示

图 5-22　衣服展示

（四）光照色

光照色是指整个商业空间中光源的色彩，主要起到渲染和烘托环境的作用（图 5-23）。

图 5-23　光照色

（五）展示版面色

展示版面色（图 5-24）是重要的视觉媒介的平台，选色时要注重整体设计的协调，不宜复杂花哨。

图 5-24　展示版面色

四、商业空间中的色彩功能

随着"读图时代"的发展，人们对商业空间的视觉审美需求越来越高。色彩具有强烈的艺术表现力，是商业空间展示中最直接的视觉艺术语言。优秀的色彩设计能充分发挥出商业空间的艺术魅力，营造出有情感的商业空间氛围，增添受众的审美趣味，进而增强企业的品牌效应。

商业空间中的色彩大致具有以下功能。

（一）商业空间形态的重塑

设计师首先需要将设计方案完整地在展览现场展示出来，然后，设计师的构思重点将会围绕商业空间的色彩设计展开。

好的空间色彩能给场馆增添艺术魅力和审美趣味，进而营造出企业品牌的商业空间氛围；空间色彩常用来表达商业空间的主题，同时，空间的色彩设计能对既定的场馆进行空间分割、空间延伸和空间重塑，还能配合、烘托展览展品。

在高度和面积既定的商业空间场地中，浅色调的运用能在视觉上延伸空间的高度和宽度，通过浅色调的清新明朗增加视觉上空间的通透感和开阔感；同时，浅色调还能很好地烘托展品。浅色调尤其适合场地面积小，高度较低的商业空间，白色、浅灰色等色调运用在地面、墙面、天花板等装饰材料上都是较好的选择（图5-25）。

图5-25　白色天花板

在高度较高、面积较大的商业空间场地中，深色调的应用能较好地界定既定空间，使商业空间显得稳重、独立、紧凑。韩国首尔Artistry商业空间中，使用黑色的顶面、墙面很好地界定了空间的高度，采用浅灰色的地面增加商展空间视觉上的开阔感，形成较好的时尚色的搭配。

（二）商业空间的识别与导向

空间的色彩能加强企业标志的识别功能。在商业空间设计中，利用商业空间的主体色或企业的标志色，可以形成商业空间的标识象征，企业标志的主色调是企业文化的象征，从而起到指示性和导向性的作用，并有利于宣传企业形象和商品的特点。在琳琅满目的商业空间中，企业标志的标准色能给受众最直接的色彩识别，这对于参展商来说是重要的导向功能。很多商家在其营业空间以其标志色为主色基调，体现产品—标志—广告的色彩战略，使观者即使从较远的距离也能清楚识别其商业空间。

（三）商业空间的情感效应

色彩设计是营造商业空间氛围最直接的因素，色彩对受众有强烈的心理暗示。每种色彩都有其独特的情感特征,当与其他色相搭配时,往往能表现出不同的色彩情感。在商业空间中,设计师运用色彩来营造展览氛围,使受众能产生深刻的情感效应,这种恰到好处的第一印象能与商业空间的品牌理念较好地融合。

在不同类型的商业空间中,不同的功能与目标包含着不同的情调与氛围,如科技产品的商业空间和工业产品的商业空间一般采用冷色调处理。这种大的环境色调和商业空间产品个性的色彩基调,能够很快作用于人的心理,从而使人产生强烈的行业印象。

(四)使商业空间具有审美性

精心搭配的色彩、色调能创造更加出色的商业空间环境,达到美化商品的目的,给消费者以视觉和心理的愉悦享受。运用色彩的对比作用和调节作用,或通过商品色彩之间的反衬、烘托或色光的辉映,使消费者获取特定的视觉感受与心理效果。如图5-26所示的酒店空间,那些缤纷的色彩充满动感与活力,也使居住者感觉更加放松。

5-26   酒店环境

五、商业空间的色彩设计

(一)主题色彩的总体基调

商业空间的展示里,色彩的选择和搭配尤为重要。色彩根据特性主要分为无彩色系和有彩色系。在无彩色系里主要有黑、白、灰(如图5-27),其中,黑色明度最低,灰色次之,白色明度最高。除黑、白、灰以外均为有彩色系。有彩色系里不同的颜色有不同的情感表达,红色代表热情、奔放、喜悦、庆典;黄色代表高贵、财富;绿色代表生命、生机;蓝色代表智慧、清爽;紫色代表神秘、浪漫、梦幻;棕色代表古典、稳定;黑色代表严肃、稳重、时尚;金色代表富贵等。在有彩色系中根据色相搭配,主要有对比色、互补色、类似色等;根据受众对色彩的情感体验分类,有冷色调、暖色调。在商业空间设计中,设计师时常根据企业品牌定位、商品的消费对象以及展示空间的主题来综合考虑展示空间的总体色彩基调,并进行色彩搭配设计,从而强化商业空间给受众的整体视觉印象。

图 5-27　无彩色系装修

(二)色彩的对比

在色彩设计中,不同的两类色彩在空间中进行组合能形成鲜明的视觉对比。同一色相的色彩组合往往能利用纯度和明度进行色彩对比,不同色相的色彩组合主要有原色对比、间色对比、补色对比、冷暖对比等。原色也叫"三原色",即红、黄、蓝,这三种颜色是最基本的原色,是其他颜色调配不出来的,因此也是最强的色彩对比;间色又叫"二次色",它是由三原色调配出来的颜色,如橙、绿、紫;补色是指在色相环上180°相对独立的两种色相产生的对比效果,典型的补色对比有红与绿、黄与紫、蓝与橙,补色在商业空间中运用能产生最具美感价值的配色。冷暖色彩是色彩给人的一种情感体验,冷色和暖色没有绝对,色彩在比较中生存,如朱红比玫瑰红更暖些,柠檬黄比土黄更冷。冷暖对比能加强空间的距离感,暖色使人感觉扩张、前进,冷色使人感觉收缩、后退。此外,色彩面积的大小和比例问题还能进一步强化色彩的对比。

商业空间设计应合理运用色彩的重量感,顶面、墙面、地面应依次厚重,来塑造商业空间的层次感。

色彩的设计,还需要考虑历史地理、人文背景等,这对于商业空间的塑造有着更深层次的意义。

六、商业空间色彩运用

(一)商业空间色彩运用的考虑要素

1. 经营特色和商品的特点

根据不同商业空间的经营特色和商品的特点来进行空间构成的色彩设计。如经营珠宝的商业空间,由于珠宝首饰属于高档精致的装饰物品,象征身份和地位,代表着典雅与高贵,因此其空间色彩的使用应该以柔和淡雅为主,避免花哨。例如,施华洛世奇上海旗舰店的整体设计风格延续其东京银座店的“水晶森林”主题,进一步突出了水晶的无限可能性,展示品牌与自然的亲密关系,为消费者提供了多元化的感官体验,沉浸在水晶的诱人光华和无穷深度中。商品展示柜台和墙面均采用纯净的白色系,并利用光线投射在各种水晶制品上而创造出浓淡有致的白色层次,恰巧与地板构成鲜明的对比。图5-28为一家珠宝店设计。

图5-28　珠宝店

2. 消费者的特点

商业空间设计最重要的目的就是迎合消费者心理,因此在色彩的应用上就需考虑不同性别、年龄、收入、素质等消费者的消费特点和需求。如根据性别差异来展现商业空间设计的色彩差异,一般男装区多采用明度较低、色调偏冷、纯度较高的色彩,以突出男性消费者的冷峻与沉稳。如象外 RAPA 杭州旗舰店,空间采用不规则造型,整体空间以黑色为主色调,乌黑电镀金属锡纸墙壁、深度碳化地板、黑钢收边细节等暗色调与楼梯两边扶手的白色形成鲜明的对比与强烈的视觉冲击。经过特殊处理的凹凸不平的锡纸给人以石洞岩壁表层之感,加重了空间造型与设计的前卫与现代。女装区则采用明度较高的、偏暖色调的色彩,暗示出了女性的柔美与妩媚。

3. 光的因素

商业空间设计的色彩应用不仅仅局限于单一的、表面化和平面化的色彩装饰,通过各种调光装置,可以创造出多种多样的、富于变化的、具有动感的色彩效果,从而丰富了色彩的内涵和表现形式,打造了良好的商业氛围(图 5-29)。

图 5-29　用餐环境

（二）不同商业空间的色彩运用

商业空间色彩设计是商品特点和品牌特色的直接反映,品牌定位或高雅,或传统,或时尚等,都可以通过其商业空间的设计得到体现,实际上也是设计师在应用艺术上体现空间及商品的经营宗旨。下面介绍几种常见商业空间的色彩运用。

　1.展卖空间的色彩设计

　　展卖空间的色彩设计能给消费者带来不同的心理体验,根据人们对色彩的生理反应,运用基本设计规律和美学法则进行整体色彩环境设计,是商业空间设计取得成功的重要环节。

　（1）结合空间结构进行色彩设计

　　色彩对于展卖环境布局和形象塑造影响很大,为使营业场所色调达到优美、和谐的视觉效果,运用色彩要与楼层、部位结合,创造出不同的气氛。如消费者逗留、观赏的交流空间,局部和小面积上的用色可大胆而强烈,形成欢乐、热烈的气氛,以激发消费者的兴奋情绪,但要考虑到长时间停留在这种气氛中,易令人感到劳累。

　（2）结合商品本身进行色彩设计

　　运用色彩要与商品本身色彩相配合。对不同种类的商品还可结合其自身特性进行相应的色彩设计,空间色彩处理应与之结合统一考虑,进一步突出商品的特性和定位。

　（3）色彩搭配协调

　　色彩运用要在统一中求变化。展卖空间一般需要统一视觉形象和识别,但不同楼层、不同位置又要求有所变化,以使消费者能够依靠色彩的变化来获取相关信息,同时减少视觉与心理的疲劳感。

　　①对比色的协调。对比色易于形成鲜明的对照,通常用它营造强烈、活泼、热闹的情感氛围。展卖空间要想有起伏、变化,不同的色彩搭配可以打破四平八稳和平淡的局面,使整个展卖空间充满生机。如服装专卖店中,将一组明度高的服装货柜和一组明度低的服装货柜在空间中进行间隔组合,可以增加活力和动感。

　　②色彩与人工照明的协调。光源布置影响空间色彩装饰,在同样的光源下不同的色彩有时会被看成是同样的颜色。反之,在不同的光源下,同等的色彩也会产生差异。

　2.餐饮空间的色彩设计

　　决定餐饮空间色彩的因素很多,大致可以分为以下几点。

（1）环境

餐饮空间所处环境不同，色彩也应有不同的考虑，比如，在大都市闹市区，不一定要装饰得富丽堂皇，可以考虑把餐厅变成"一块绿洲""一方净土"，可能效果会更好。

（2）民族和地方色彩

各民族、地区在历史上长期形成的习俗、观念也反映在色彩上，当地所用建筑材料包括石、砖、木、竹、藤以及织物、工艺品等室内装饰材料，所形成的色彩效果往往富有地方特色，应该予以充分利用，这是体现地域性的一个重要方面。如图5-30所示。

图 5-30　泰国特色餐厅

如图5-31所示，餐厅空间设计以丰富的、有冲击力的色彩搭配为特色。

3. 酒店空间的色彩设计

（1）酒店空间色彩设计原则

不同的空间设计是为了满足不同的消费者的需求，因此设计师在色彩设计时应结合空间的不同功能需求，让色彩设计给消费者最大的人性化服务（图5-32）。如酒店客房的色彩要使人感到愉快，对消费者来说，客房是一个暂时的私密空间。大部分酒店客房的色彩设计都采用了统一的标准用色，但也有酒店的客房对每个房间进行了不同的色彩设计，使消费者在一家酒店重复停留时有新鲜感。

图 5-31　餐厅环境

图 5-32　酒店客房设计

（2）酒店空间色彩设计依据

①空间的大小、形式。色彩设计就是为了能够使空间更好地展现在消费者的眼中，因此空间的大小、形式是设计师在进行色彩设计时必须要注意的。确定空间的大小、形式之后才能对空间色彩进行合理的分布与设计，合理运用色块来调节空间气氛，如窗帘、家具、墙面造型、装饰品、设备等的色彩，恰当使用能取得画龙点睛的效果。

②当地的气候和空间朝向。色彩设计可根据当地的气候和空间朝向进行调整，不同方位在自然光线作用下的色彩是不同的，冷暖感有差

别,因此,酒店空间设计可利用色彩来进行调整。

③消费者停留时间的长短。在不同功能的酒店空间中,消费者所停留的时间也是不同的。如酒店的大堂与包房,这两者的功能显然各不相同,设计师在大堂色彩设计时要给消费者明亮、空旷之感,但在包房色彩设计时,可以运用柔和的色彩和灯光为消费者营造宁静、优雅的气氛,从而使人得到精神上的放松。

4.休闲娱乐空间的色彩设计

在娱乐空间色彩设计中,可以运用色调的兴奋感,引起观看者的兴趣,从而吸引其注意力。如图5-33。

图5-33　娱乐场所

在娱乐空间色彩设计的过程中,若其色彩能够深入消费者的内心世界,透过色彩表达出消费者的心理愿望,产生一种内在的共鸣,便可称得上是一个成功的设计。商业空间作为特殊的表达载体,其本身功能性就要求色彩要符合消费者的情感与需求,使人们能够释放和发泄社会背景下的真实情绪,这与色彩语言不谋而合。

第二节　商业空间照明设计

在商业展示中,除了色彩,还存在着另一个重要的因素,就是光。光类似于色彩,可以直接影响和作用于观众的情绪,还可以渲染和烘托展示环境氛围。

物体颜色是由光源决定的,光对色彩产生一定影响。

一、照明设计的概念

照明的首要目的是创造良好的可见度和舒适愉快的环境。

照明设计也称灯光设计,其主要任务是实施人工光源的人工照明,同时合理利用天然采光的整体光环境设计。照明设计有数量化和质量化设计之分。

（1）数量化设计是基础,就是根据场所的功能和活动要求确定照明等级和照明标准（照度、眩光限制级别、色温和显色性）,来进行数据化处理计算。

（2）质量化设计,就是以人的感受为依据,考虑人的视觉和使用的人群、用途、建筑的风格、尽量多收集周边环境（所处的环境、重要程度、时间段）等因素,做出合理的决定。

二、照明设计的功能和作用

（一）功能

"照明"就是给环境送"光"。营造空间环境气氛和给予空间中的"人"重要信息的关键是"照明",必须认识和发挥"光"的特质,"光"具有显现或改变空间形象的本领,具有烘托气氛、传递情感的魅力。商业空间的照明设计功能可概括如下。

（1）满足空间使用需求;

（2）吸引购物者的注意力;

（3）创造合适的环境氛围,完善和强化商店的品牌形象;

（4）调动消费者情绪,刺激消费;

（5）以最吸引人的光色使商品的陈列、质感生动鲜明。

（二）作用

照明可以更大程度地提高展示的效果和回报,在商业展示中,照明既发挥了"硬件"作用,也发挥了"软件"作用。

首先,提供了展示空间的基本需要的照明,保证观众观看展品和展示活动正常进行的基本照明度,使展示环境具有舒适的视觉效果、展品有足够的亮度供观众清晰地观看。

其次,照明有保证安全的作用,照明要保证供电系统的安全。

最后,利用照明所营造的展示环境具有特殊的氛围,有助于展现出展示空间的风格与特色,突出商业展示的主题,对加强展示的效果有所帮助。

三、照明灯具的分类

商业展示灯具主要有台灯、地灯、吸顶灯、吊灯、壁灯、镶嵌灯、槽灯、投光灯、分色涂膜镜和轨道灯等。

（1）台灯、地灯。以某种支撑物来支撑,从而形成统一整体的光源,当运用在台面上时叫台灯,运用在地面上时叫地灯。这两种灯具一般用于补充照明,现在越来越多地用于气氛照明和一般照明的补充照明。在餐厅、酒吧、咖啡馆,利用台灯的装饰性来营造气氛的手法非常常见。地灯多为大型购物中心的外部地面的装饰,在夜晚时分犹如落地的点点繁星,甚是好看。

（2）吸顶灯。吸顶灯是指固定在商业展示空间顶棚上的基础照明光源。从构造上分为浮凸式和嵌入式两种。灯罩有球体、扁圆体、柱体、椭圆体、椎体、方体、三角体等造型。白炽灯所选功率为 40W、60W、75W、100 W 和 150W 等,荧光灯一般选用 30W 或 40W 等。

（3）吊灯。吊灯一般安装在距离顶部 50mm ～ 1000mm 的位置,光源中心与顶部的距离以 750mm 为宜。此外,吊灯的装饰性很强,吊灯通常出现在室内空间的中心位置,所以它的造型和艺术形式在某种意义上决定了整个商业展示空间的艺术风格、装修档次等。

（4）壁灯。安装于墙上的灯具叫壁灯。壁灯有一定的功能性,如在无法安装其他照明灯具的环境中,就要考虑用壁灯来进行功能性照明。在高大的展示空间内,选用壁灯来进行补充照明,能解决照度不足的问题。同时,壁灯还可以创造出理想的装饰性和艺术效果。

（5）镶嵌灯。镶嵌灯是指安装在商业展示空间顶部的灯具,如灯棚或灯檐,均用于基础照明。在吊顶中装入荧光灯或者白炽灯,可做成隔绝式或者漏透式的吊顶。前者以毛玻璃遮挡光源作为展示的装饰照明,后者采用金属或塑料格片等遮挡光源。

（6）投光灯。投光灯为小型聚光照明灯具,有夹式、固定式和鹅颈式,通常固定在墙面、展板或者管架上,可调节方位和投光角度,主要用于重点照明。

（7）分色涂膜镜。分色涂膜镜是一种涂有多层特殊膜面的反光镜,其光源为冷卤素灯泡,具有配光性能好和超小型体积的特点,通常用于贵重物品的重点照明。

（8）轨道灯。轨道灯是指在商业展示空间顶部装配金属轨道,轨道上再安装若干可移动的反射投光灯的照明灯具。

四、商业空间照明方式

现代商业空间照明层次主要分为基础照明、重点照明、艺术照明、应急照明和安全照明。

（一）基础照明（泛光照明）

基础照明是指照亮整体商业空间,不针对特定的目标,灯光效果柔和均匀的一种照明方式。泛光照明提供给空间的照度,能满足人在空间中活动所需的基本视觉需求,其水平照度均匀,适合选用吸顶灯、筒灯、射灯、壁灯、吊灯等（图5-34）。

（二）重点照明（区域照明）

重点照明是主要针对商业空间里需要重点突出的商品或空间的照明方式,如商品、陈列物、橱窗、背景墙等。重点照明通常是让商品处于明亮的空间区域内,让消费者能清晰地欣赏到商品的质感和细节,因此,重点照明的亮度一般是基础照明的5～6倍（图5-35、图5-36）。

图 5-34　基础照明

图 5-35　重点照明

图 5-36　重点照明

（三）艺术照明（装饰照明）

艺术照明是指用来烘托商业空间特定的艺术氛围，增加空间的层次感，营造空间情调的照明方式。泰国曼谷"皇家稻田"的艺术照明，主要通过灯自身的形态来塑造光的形态，光的色温、光与影的变化能加强空间氛围，光与空间材质能产生肌理装饰效果（图5-37）。

图5-37　艺术照明

（四）应急照明和安全照明

应急照明和安全照明是指公共空间里发生意外时启用，用来疏导人流的照明方式（图5-38）。

图5-38　红亮号指示通往安全的道路

第三节　商业空间材质设计

一、材料属性

材料属性是构成空间表皮材质表现的基础。材料属性，根据恒定性与可变性可以分为两类——物理属性和感官属性。物理属性：密实度、硬度、比重、绝热性能、承重性能等可以被物理实验确定的性能；感官属性：在时间和气候等因素作用下可变的或偶然呈现，并且能被人的知觉所感知的属性，如不同强度光照下材料的表面颜色、光泽度，以及不同加工条件下材料所体现的触感及轻重感。

影响材料属性表现的因素包括：人力因素，人的建造和加工材料，决定了表皮材质表现；时间因素，材料属性会在时间的雕琢下变化；使用位置因素，材质属性表现受到建造的具体位置的影响。

二、材质分类

各类材质是组成商业空间的物质基础。由于商业空间的特殊要求，使用的材质一方面要求结实耐用，符合消防等规范的要求，另一方面要为商业空间营造出明亮丰富的商业氛围。现代商业空间设计中一般采用不锈钢、铝合金、镜面玻璃（图 5-39）、磨光花岗石、大理石、瓷砖等高密度材质。各类装饰材料的组合，营造出光彩夺目、豪华绚丽的效果。商业空间中使用的材质一般分为结构材质、地面铺装材质、面层装饰材料等几类。

（一）结构材质

结构材质主要是指在商业空间设计中可以支撑空间、构成主要空间层面的材料。如作为分隔空间的墙体材料、割断骨架、板层材料下的基层格栅、天花吊顶的承载材料（如轻钢龙骨）等。这一类材料可能在施工结束后被其他材料覆盖或掩饰，但其在商业空间中起到的是非常重要的构造作用。

图 5-39　大厦

　　这里以龙骨为例进行分析。龙骨是用来支撑造型、固定结构的建筑材料,是装修的骨架和基材,广泛应用于商场、商铺等商业空间场所。龙骨一般分为木骨架、轻钢管骨架、铝合金型材等。

　　木骨架材料是木材通过加工而成的切面呈方形或长方形条状材料,可分为硬质和轻质木材骨架两类。木龙骨有造价便宜、易于造型的特点,可是在防火等级上达不到大型商业空间的消防要求。内木骨架多选用材质较松,材色和纹理不是非常显著的木材,这些材料内含水分较低,具有不易劈裂、不易变形的特点。

　　轻钢管骨架也叫轻钢龙骨,在商业空间设计中,经常用到轻钢龙骨吊顶。轻钢龙骨采用镀锌板或薄钢板,经剪裁、冷弯、滚轧、冲压等工艺加工而成。轻钢龙骨分 C 型骨架、U 型骨架和 T 型骨架。C 型龙骨主要用来做各种不承重的隔断墙,U 型和 T 型龙骨主要组成天花顶棚骨架,骨架下可以安装装饰板材,组成顶棚吊顶。其防火性好,刚度大,便于上人检修顶棚内设备和线路,而且在商业空间和博物馆陈列商业设计中有较好的吸音效果。现在市场上新出一种烤漆龙骨很受欢迎,这种龙骨颜色规格多样,强度高,价格合理。烤漆龙骨形式感强,可以直接作为装饰材料使用,被广泛用于各种商业空间设计中。

　　在商业空间设计中铝合金型材作为一种高档型材,主要用来制作外露的结构骨架,如门窗结构骨架等。铝合金型材具有多种型号和颜色,兼有强度高和装饰性强的优点,其优越性是其他型材材料所无可替代的。铝合金型材还具有良好的抗腐蚀性、防火性、高水密性和气密性,耐磨,安装方便等。铝合金型材和玻璃、石材配合使用,能够很好地体现材料本体的结构美感,具有现代装饰意味,在现代简约风格的商业空间里经常运用。

（二）地面铺装材质

因为商业空间的人流量多,所以地面铺装材质的耐磨度必须要高,除了美观,更要注重实用,也就是强调性能。多数商业空间都选用坚硬耐磨的瓷砖和石材。瓷砖花色多且易于打理,造价比较合理。石材花纹自然,材质坚硬,给人感觉高档。有特殊艺术要求的商业空间也会选择艺术地毯、木地板甚至钢化玻璃地板作为地面铺装材料。

（三）天花板材质

天花板材质一般包括基本板材、不锈钢、铝扣板、铝塑板、亚克力板、防火板和拉膜结构等,图 5-40 为某机场天花板。

图 5-40 某机场天花板

（四）墙面铺装材质

墙面铺装材质主要是用来修饰室内环境的各个墙面部位。因此,它们除了具有装饰作用外,也具有一定的承载作用,还有必须强度高、耐磨和符合消防规范。墙面铺装材质主要包括:基面板材料、石材(图

5-41)、瓷砖、木饰面板、玻璃、不锈钢等。设计师选择这些材料主要依据其材料的质地、光泽、纹理与花饰等方面。

图 5-41　暖色石材墙面

（五）装饰材料

现代室内设计大量运用布料进行墙面装饰、隔断以及背景装饰，形成良好的商业空间展示风格。织品在装饰陈列中起到了相当重要的作用，也是表面装饰中常见的材料，包括无纺壁布、亚麻布、帆布、尼龙布、化纤地毯等。

1. 壁纸

壁纸在现代室内装饰中的运用较为广泛，常用于墙面和天花板面的装饰。壁纸图案变化多、色彩丰富，通过压花、印花、发泡等多种工艺形成各种不同的图案，其色彩丰富性是其他任何墙面装饰材料所不能比的。壁纸除了美观外，也有耐用、易换、施工方便等特点。

常见的壁纸主要有以下三种。

（1）普通型壁纸：其表面装饰通常为印花、压花或印花与压花的组合。

（2）发泡型壁纸：按发泡倍率的大小，又有低发泡壁纸和高发泡壁纸的分别。其中，高发泡壁纸表面富有凹凸花纹，具有一定的吸声效果。

（3）功能型壁纸：其中，耐水壁纸用玻璃纤维布作基材，可用于装饰卫生间、浴室的墙面。

2. 织品

现代建筑中到处是冷硬的刚性材料，以及灰暗、无个性特征的空间秩序，具有温暖、柔软、可塑、悬垂的肌理特性以及朴素、亲和的自然属性的织品成为弥补这一缺陷的绝佳媒介，这是一种治疗我们对必须居住的、功能的、功利建筑的厌恶情绪的极好良药。它凝聚着深厚的人类手工情感。当然，建筑空间中的织品艺术也必须与该空间的文化属性、空间的表达方式、空间的功能用途、空间风格、空间尺度等因素有机地融合在一起。

（1）地毯

地毯指用以铺覆并装饰室内地面的纺织工艺品。其种类名目繁多。纯毛地毯是指用强度极高的棉纱股绳作经纱和地纬纱，而在经纱上根据图案扎入彩色的粗毛纬纱构成毛绒，然后经过剪毛、刷绒等工艺过程而成。其正面密布耸立的毛绒，质地坚实，弹性良好。近几年还出现了化学纤维地毯，其用途主要是装饰室内地面。

化纤地毯外观与手感类似于羊毛地毯，耐磨而富有弹性，具有防污、防虫蛀等特点，价格低于其他材质的地毯。比较适合铺在走廊、楼梯、客厅等走动频繁的区域。其中，尼龙地毯容易产生静电，而且不耐热、易燃烧、易污染。

（2）壁毯

传统壁毯以其二维的形式语言占据建筑内墙近千年，其优越的物理性能和审美功能一度成为无可取代的室内装饰。17世纪至18世纪是巴洛克、洛可可风格盛行的时期，在宫殿的装饰中具有实用性和装饰性的壁毯得到了追求豪华奢侈生活的王公贵族们的大力提倡。为了把壁毯与建筑空间融合得更为紧密，每幅壁毯都加织了精美的近似油画边框的立体边饰图案，使整个室内空间环境的装饰十分和谐，创造了一种新的空间效应。

三、材质选择的要点

（1）实用性

实用性是指按照空间的功能需要和材料属性来选择材质。例如,商场人流量大,地面铺装材质可选用抗承重、耐磨耐用的石材;娱乐会所具有私密性,应选用隔音、吸音效果好的材料;儿童活动场所注重安全性,应选择地板或地毯铺装地面。总的来说,材料不是越名贵越好,而是越适合越好。

（2）节约性

通常情况下,材料费用占到工程造价的六成以上,要控制成本就要在材料上下功夫。因此,设计师在考察材质美感,实现美好创意的同时还要考虑材料成本,尽可能地减少材料浪费。

（3）生态性

商业空间的装饰材质应选择节能、绿色环保型产品,不浪费、堆砌材料。减少使用不环保的建材,避免对人的健康造成危害。

四、商业空间材质设计

灯光、色彩和空间与装饰材料发生关系,并对材料质感的体现产生一定的影响。人们对材料质感的感知度低于对材料色彩和形态的感知度,商业空间材质设计方法也是围绕提高材质感知度展开的。

（一）主材统一法

室内装饰一般情况下都会有一个主材料并决定主色调。这个主材料贯穿于整体空间当中,用于大面积的部位,在确定主材料的基础上考虑细部的变化来体现室内情调,通过改变拼贴材质尺度,改变纹理方向,改变结构工艺,丰富空间层次。

（二）肌理照明法

灯光会使材料的质感发生变化:灯光本身的色彩会对材料的质感产生影响;纯度高的光易于改变材料原有色彩所带来的视觉感受;适

当强度、光色的灯光有利于强化材料原有的肌理特征。

（三）图底切换法

顶地墙和家具有着不同的主材料、形成图底关系及背景与中心物的衬托关系。切换材质与空间所形成的图底关系，通过材料互换、色相和明度互换，生成新的图底关系和层次。

（四）类型切换法

不同空间类型对应有不同的表皮材质类型。通过切换材料类型的使用习惯，改变空间面貌和效果。

（五）色彩修正法

室内环境的色彩都是基于材质之上的，也正因为如此，材质是色彩的载体，色彩是材质的外在表现。色彩可以对材料本身的质感起掩饰和修改的作用。

第四节　商业空间家具与陈列设计

一、空间与设施的尺度

（一）人机工程学与空间尺度

室内设计时，室内空间尺度的确定是在考虑到空间的使用功能同时，根据相关的人体尺度具体数据尺寸，并综合美学等各方面的因素，综合考虑并确定的。商业空间的室内设计是一种公共空间的设计，在设计过程中，尤其应当以使用者的最基本的安全及功能上的需要作为优先考虑的前提，一般商业空间的设计应考虑在不同空间与围护的状态下，人们动作和活动的安全，以及对大多数人的适宜尺寸，并强调其中以安全为前提。

在商业空间的设计中，消防安全方面的设计是所有安全方面最主要的环节，也是国家以法律和法规形式进行强制规范的内容，其中有相当的内容也是建立在对人机工程学的研究之上。如商业空间内的消防通道的长度与宽度的限制、防火门的尺寸与开启方向、消防楼梯的设置等等,这些规范的确立也都是建立在人机工程学的研究和火灾防范的具体情况及各种经验和教训的基础上的。作为设计师必须具有法律和法规约束的意识,在进行相关设计时,参照有关的法律规范以保障设计的合法性,维护公众的安全。

（二）家具及设备的形体、尺度

商业空间内的家具和设备,包括了各种为满足营业、消费及各种保障安全、卫生及其他功能性的设施。其中可分为直接性(或营业性)的设施及间接性(或非营业性)的设施。前者如餐厅内的餐桌和椅子、收银台、吧台等,后者如厨房内的灶具、厨具、冰箱、备餐台等。但有时这两类设施的界限并不是很明显的。如火锅餐厅的厨具可能为消费者直接使用,餐厅中也可能有供消费者自选菜肴的冷藏柜等。不管这些设施属于哪一类,都是为人所使用,因此它们的形体、尺度必须以人体尺度为主要依据;同时,人们为了使用这些家具和设备,其周围必须留有活动和使用的最小余地,这些要求都由人体工程科学地予以解决。室内空间越小,停留时间越长,使用频率越高,对这方面内容的要求也越高,例如餐厅的用餐区、商店内的陈设区、超市的收银区等空间的设计。这一类的区域内的家具设计和设备的选用就必须充分地考虑到应用人机工程学的尺度来决定家具和设备的形体和尺寸。

一般而言,公共空间的家具等设施的设计应当在家具形态、色彩、表面材质等方面充分兼顾到不同的使用者对这些方面的要求,同时更多地关注到这些家具和设施对实际功能的作用,而不是片面强调形式的效果或设计师的个人风格。从这个意义上来说,商业空间中的家具和设施应当从属于它所在的空间,而不是成为一种独立的"艺术品"。

除了在形态、尺寸等方面确保家具及设施的设计符合所处空间的功能要求及美学特征外,还必须在设计中充分确保使用者在使用过程中的安全,避免由于设计不当造成的意外伤害等。如在公共空间内家具设施的设计应当尽可能避免在可能与人体接触的部分出现尖锐的角或缺口等,也应当避免在容易发生碰撞的部分采用玻璃等易碎、危险的材料。此外,在空间及家具设施的设计中,应当确立以人为本的原则,其中也应当包括针对残疾人群体的"无障碍设计"原则。

二、商业展示道具设计

展示道具是指在商业空间设计中用于商品的衬托和空间设计与环境的陈列搭配的物件。展示道具主要体现在展示用品、商用设施和器材上，展示道具从空间的设计来看可大可小，小至产品的一个摆件，大到空间中的重要陈列物件。展示道具也可以是一件独立的产品，可单独作为展示用品来展示（图5-42）。

展示道具按其功能划分可分为展架、展板、展柜、展台、屏风、花槽、展品标牌、方向指示标牌、护栏、照明器具、小型陈列架、沙盘与模型、视听设备、零配件和装饰器物共15大类。

（1）展架类

展架类是以吊挂、承托展板或与其他部件共同组成展台、展柜及其他形式的支撑骨架类器械，成为展板和实物展品的支架承载体。它也可作为直接构成隔断空间造型的骨骼结构，成为分割展示空间的重要手段（图5-43、图5-44）。

图5-42 珠宝展示道具

图 5-43　展架

图 5-44　展架

（2）展板类

展板类主要用来张贴平面展品（照片、图表、图纸、文字和绘画作品），根据需要也可以钉挂立体展品（实物、模型和主体装饰物）。展板在展示空间中是传达信息的重要媒介，其功能不仅传达信息也可用来对空间进行分割。展板按照模数尺寸的要求，可分为小型展板、大型展板与拆装式展架配套的展板。

一般展板的尺寸有 90cm×120cm、90cm×180cm、120cm× 180cm、120cm×240cm、200cm×300cm 等规格。

（3）展柜类

展柜类是用于陈列小型贵重展品的重要展具，主要起到保护和突出展品的作用。展柜类按照展示的方式划分通常有单面展柜、多面展柜、橱窗景箱等，也可按高低划分为高橱柜、低橱柜、布景柜等（图5-45）。

图5-45　展柜类

（4）展台类

展台类道具是承托展品实物、模型、沙盘和其他装饰物的用具，也是实物类展示的重要设施之一。展台既可使商品和地面彼此隔离、衬托和保护展品，又可以进行组合，起到丰富空间层次的作用（图5-46）。展台的种类非常多，包括中心展台、组合展台、标准展台、标准展台、异型展台等，设计师应根据展示主题的不同需要做出不同的选择。

图5-46　展台

（5）展示屏风类

展示屏风类的形式主要有广告牌、屏风、艺术造型等，用于分割展示空间、悬挂实物展品、张贴企业形象或文字图形、分散人流等，是商业空间展示设计中不可缺少的展示设备。

在商业空间设计中，根据不同的功能需求，根据不同的展示对象，需要使用各类不同的辅助设施。如在服饰卖场，有各种服装专用的衣架等；在图书展示区可用到书架、展览架等。这些辅助的设施或展具除采用部分标准化的配件组合外，还应根据展示的实际需要，专门设计定制。

（6）指示牌

指示牌是指在特定的环境中标示内容、性质、方向等功能的牌子，主要以文字、图形、符号等形式表示。它是整个环境的重要组成部分，为公众提供贴心的服务。指示牌的设置应根据具体情况和设计图纸综合考虑，首先考虑其功能性，其次再考虑附加一些美观效果（图5-47）。

（7）装饰器物

装饰器物是指对空间起装饰作用的物品，如风灯、宫灯、绣球与彩带、折纸拉花、标志旗、会徽与图案、圆雕与浮雕、植物等。运用各种装饰器物，可点缀商业环境、增强视觉冲击力、丰富商业展示效果。

除以上类型外，帐幕、灯箱、沙盘、人体模型（图5-48）等都是辅助展具。另外，一些铁角、包角、卡子、挂钩、夹件、插头、明锁、托角等都是展示道具的组成部分，在展示活动中也发挥着重要的作用。

图5-47　指示牌

图 5-48   展示衣服的人体模型

三、商业空间陈列设计

商业空间陈列设计是指通过各种展示道具,结合时尚文化及产品定位,运用各种展示技巧将商品最有魅力的一面展现出来并能提升其价值行为。陈列又可分为卖场布置、商店橱窗、展览展示、广告创意、室内陈列等几大类别,它几乎涉及所有商业性的设计行业领域。合理的商品陈列可以起到展示商品、提升品牌形象、营造品牌氛围、提高品牌销售的作用。

(一)陈列的设计手法

1. 中心陈列法

中心陈列法是以整个陈列空间或展示摊位的中心位,把大型的重要的陈列品放置于醒目的中心,小件展品按类别组合在靠墙四周的展台、展架上,墙面、柱子等配以相应的版面,使观众一进展馆就能看到大型主体展品。它对于展示主题的表达非常有利,具有突出、明快的效果。

2. 线型单元陈列法

线性单元陈列法是根据展示内容和展品的特点,在一定范围内或不同的陈列面上重复出现,通过反复强调和暗示性的手段,使消费者受到反复的视觉冲击,加强消费者对商品或品牌的视觉感受。

3. 特写陈列法

特写陈列法是指为突出产品的功能特点,采用放大展品模型、扩放特写照片或移动造景手段等的陈列方法。特写陈列法具有目标明确、主题突出、标志性强、影响力集中的特点,有助于提高产品的吸引力,激发消费者的购买欲望。

4. 开放型陈列法

开放型陈列法是指观众或消费者直接参与演示、实地操作、触摸体验展品的展示陈列方法。消费者观摩、交流和购买等活动在一种活泼、亲切、自由的气氛中进行,是一种具有较高时效和极佳展示功能的陈列形式。

5. 综合陈列法

综合陈列法是指将与生产、用料、工艺、功能以及使用等特性相关联的展品综合起来进行的系列化陈列。综合陈列法的特点是品种齐全、选择的空间大。

6. 配套陈列法

根据特定的商业需求,结合某种消费需求和与之相关的生活方式,如学习空间、工作空间、生活空间以及自然环境相结合,并将与之相关的展品陈列在某一空间环境中。

7. 构成式陈列

构成式陈列是一种现代感的陈列方法,主要是运用构成原理,对空间的组合形式、陈列布局进行布置。

(二)商业空间的陈列的构成方法

商业展示的基本陈列形态,主要可分为放置、悬吊、贴壁等三种方法。按照构成的几何形态,又可分为三角形、水平线、垂直线、斜线、放射线等多种形态。选用什么构成法,主要是依据商品的性能特点、商业空间的具体情况以及陈列道具和所需要营造的效果等因素而定。陈列的构成方法分为以下几种。

1. 直线构成形态

直线构成形态指的是将商品以贴壁、悬吊的方式进行展示。商品陈列方式采用水平、垂直、十字交叉等方式,营造出挺拔、直率的形式美感。

2. 曲线构成形态

曲线构成形态主要是针对轻薄的商品,采用悬吊的形式进行曲线式的陈列构图,营造出轻柔、韵律的形式美感。

3. 放射构成形态

线状、条状的商品,可以墙面或空间的某一点为中心,采用放射的构图形式,按照上下、左右、前后的方向进行商品陈列,营造出富有节奏动感的布置效果。

4. 圆形构成形态

圆形构成形态将商品以圆形的构图方式进行构图,营造出整体装饰感较为完整统一的形式美感。

5. 半圆形构成形态

半圆形构成形态将商品进行类别的分类,然后将同种类型的商品进行分类展示,构图形式上采取半圆形态的构图,使得商业空间的展示效果有节奏感。

6. 三角形构成形态

三角形构成形态用直角三角形、等腰三角形、正三角形、倒三角形等的布局形式来对空间进行陈列布局。

第六章

商业空间专题设计

随着社会经济体制的改革，商业体制结构也发生了很大变化，使得当今的商业活动形式已不同于过去的百货商店和服务门市部，商业环境正朝着综合性、个性化、人性化的方向发展。在本章中我们着重针对的是现代商业空间中的专题设计，具体来说，包括商业展卖空间、餐饮空间、酒店空间和休闲娱乐空间。

第一节 展卖空间

一、商业空间的形式

（一）专卖店

这是近几十年来出现的售销某品牌商品或某一类商品的专业性零售店,以其对某类商品完善的服务和销售,针对特定的消费者群体而获得相对稳定的消费者。大多数企业的商品专卖店还具备企业形象和产品品牌形象的传达功能。

专卖店经营的商品有很强的针对性,且种类多、规格齐全。主要有两种形式。一种是单一经营某一品牌商品的专卖店,如雅芳化妆品专卖、诺基亚手机专卖等。通常这一类的专卖店大多在同一地区或不同地区有众多的连锁店。因此,这种专卖店的设计应多强调品牌意识,商品标志、标准色、标准形象等要突出,展柜、展架、装修等设计风格要一致。在不同地方的连锁店,应使消费者产生一致的印象。另种是以某一类商品类型组成的专卖店,如工贸家电商场、眼镜店、珠宝店等。这种专卖店的设计要根据所经营的商品特点进行空间设计,塑造个性化的空间(图6-1)。

图 6-1 专卖店

（二）购物中心

购物中心最早出现于西方国家,随着我国经济的发展、城市的扩大和人口的增多,以及人们消费水平的提高,购物中心在我国很多城市建成的数量日渐增多;其特点是集百货、超市、专卖、餐饮、停车场、娱乐、休闲于一体,具有多功能性,能满足消费者多元化的消费需要。

购物中心多由一家或几家大中型商业场所组成,一般集中在一幢或几幢大的建筑中。购物中心的设计,应考虑不同类型商业空间的特点,在空间处理上,应考虑客流量、疏散、导向性、休息等功能,平面布局合理,空间层次分明,展示陈列独具个性,照度、温度等物理环境适宜。不同类型的空间设计,能满足不同层次、年龄、性别的需要,创造优美的购物环境,努力激发消费者潜在的购买欲(图6-2)。

图6-2　购物中心

（三）超级市场

超级市场是一种开架售货、直接挑选、购物随心所欲的高效率综合商品销售环境。超级市场不需要成本很高的门面和室内空间装饰,因此,可以降低商家经营成本,物美价廉,而且购物方便。最初的超市多以销售食品为主,近几年来,又从食品扩大到日用品、服装、办公文具、体育用品、家用电器等应有尽有,已经发展成综合性的超级商场,极大地方便了人们购物。超级市场除了经营品种越来越多、规模越来越大以外,也有的为了占领市场,经营方式不断更新,在开展大规模经营的同时,也深入城镇小区,形成经营灵活方便的众多小型的连锁店(图6-3)。

图6-3　超级市场

二、购物行为与购物环境

购物行为是指消费者为了满足自己生活需要而进行的购买交易行为。人的购物行为可以分为认识、情绪、意志三个过程。认识过程主要是指人们对于商业卖场的购物环境、空间装饰、产品档次定位、商品类型、价位等方面的整体了解和认知过程;情绪过程是指人们在对某一卖场或商品认知的情况下,通过分析、思考,决定是否购买的过程;意志过程主要是指人们通过认识、情绪过程后,最终完成购买与否的过程。

通常,影响人的购物行为有主动购买和冲动购买两方面的因素。主动购买是人们根据自己的生活需要,有计划地到自己所了解的商业卖场购置所需商品,或是被电视、报纸、网络等各种广告中的宣传所吸引去购买。也就是说,主动购买是消费者去商业区之前已有明确的购物目的和购物倾向,是有目的性的消费。冲动购买一般是指人们没有明确的购物目标,是被某些购物环境所吸引(或到自己喜欢的购物环境闲逛),或是被某一商品的陈列展示、外观式样、色泽、质量、价位等方面所吸引而产生的购买行为。针对这群消费者,发挥设计的作用,创造良好的商业氛围以吸引人们的注意力,使人们产生兴趣,这对商业活动具有重要的意义。

　　人的心理活动直接支配着消费者的购物行为,购物环境的好坏也影响着人的购物行为。随着人们生活水平的提高,人们的购物消费能力也有了很大程度的提高,利用双休日和节假日到商场休闲购物的次数呈逐年上升的趋势,逛商场成了现代很多人的一种休闲活动。因此,好的购物环境会提高消费者的光顾次数和停留时间,也就为商家销售商品提供了更多机会。好的购物环境主要体现在装修典雅、风格独特;灯光照明充足,整体照明和重点照明设计合理;空间布局合理,层高适宜;室内温度适宜、空气清新;购物安全。

第二节　餐饮空间

（一）中餐厅

　　中餐厅以品尝中国菜肴、领略中华文化和民俗为目的,其装饰风格、室内特色及家具与餐具、灯饰与工艺品,甚至服装等都围绕文化与民俗展开设计创意与构思(图6-4)。

图6-4　中餐厅

（二）西餐厅

西餐厅泛指以品尝国外（主要是欧洲和北美）的饮食，体会异国情调为目的的餐厅。西餐厅的空间装饰特征总的来说，富有异域情调，设计语言上要结合近现代西方的装饰流派而灵活运用。西餐厅的餐桌多采用二人桌、四人桌或长条形多人桌。氛围主要特色有淡雅的色彩、柔和的光线、洁白的桌布、华贵的线脚、精致的餐具和恬静的背景音乐（图6-5）。

图 6-5　西餐厅

（三）日式餐厅

日式餐厅以典雅、清丽、质朴为特色，受禅宗影响的日本传统审美思想，推崇少而简约的风格基调，重视细节、自然，讲究简单、质朴的精神含义（图6-6）。

（四）东南亚餐厅

热情而神秘的东南亚不仅是旅游胜地，更是美食的天堂，东南亚餐厅体现其地域文化的特性，将本土材料在建筑和室内装饰中合理运用，体现地域文化艺术，注重自然景观的紧密结合。可以说，东南亚风格是一种混搭风格，不仅和印度、泰国、印度尼西亚等东南亚国家有关，还代表了一种氛围（图6-7）。

图 6-6 日式餐厅

图 6-7 东南亚餐厅

第三节 酒店空间

一、酒店的分类

(一)主题型酒店

主题型酒店是通过酒店的建筑风格、装潢风格、装饰艺术等体现特定主题和文化氛围的酒店类型。真正的主题酒店对于选定的主题并不是偶一为之,而是要进行全方位的设计使之与其他酒店类型以及不同的主题区别开来。一般来说,主题酒店的消费群体以年轻人为主,追求无法复制的个性。将服务项目融入主题,以个性化的服务取代一般化的服务,让消费者获得欢乐、知识和刺激。如图6-8就是一个以儿童海洋为主题的酒店。

图6-8　儿童海洋主题酒店

（二）经济型酒店

经济型酒店的服务对象一般是大学生、刚工作的城市白领、大众旅行者等。往往价格比较便宜、环境舒适便捷,还有标准化的服务,经济型酒店的服务标准并不如星级酒店那样全面,但是可以让消费者安心、舒适的接受（图6-9）。

经济型酒店不是廉价的旅馆,其本质上是以较低的运营成本获得最大化消费者体验的酒店类型。清洁卫生、舒适方便是其主打,在酒店建设时,绝大部分的空间用来建设客房,客房的面积也不大,餐饮、娱乐、休闲设施几乎没有,以节省资源,将其用于最主要的住宿功能的打造上。

从地理位置上看,经济型酒店主要位于城市中交通便捷、人口流动快,但地价并不太高的地方。

（三）商务型酒店

　　商务型酒店是在经济型酒店基础上提高一个档次的业态，具备高品位、舒适、时尚，致力品牌培育和酒店发展。商务型酒店根据自身客观情况定位，以商务客人为主，根据不同的商务人群层次提供有针对性的服务。对于事务繁忙的商务客来说，酒店还要有宴会厅、会议室和商务中心（图6-10）。

图6-9　商务型酒店（1）

　　商务型酒店的地理位置要具有优越性，交通便利，临近商务密集区，便于组织各种商务活动和会议，能接触到潜在的商务合作对象；离休闲中心近，有利于商务客人办公结束后的休闲活动等。

图6-10　商务型酒店（2）

商务型酒店的空间风格、设施设备、服务项目等应根据特定消费需求特征加以配置和集成,如传真、复印、语言信箱、视听设备等。酒店还要提供各种先进的会议设施便于客人召开会议,客房里的设施设备也要符合他们的需求,便于办公。总而言之,商务型酒店的空间设计也要综合相应特点来考虑。一般商务旅客对住宿、通讯、宴请、交通方面较为讲究,注重酒店的环境和氛围。因此,为了满足消费者的物质需求和心理需求,不论是酒店设施设备的配备,还是提供服务的质量,要求都比较高。

（四）度假型酒店

度假型酒店一般都建在风景旖旎、设施便利的景区附近,服务的人群主要是前来游玩的游客。度假型酒店不仅提供住宿服务,而且还能够倚靠自然资源之便为消费者提供疗养、休假服务,让消费者在深山大川中也能享受到如城市一般的便捷服务,可以说,在精美的度假型酒店中,可以将自然与现代融为一体。

可以说,依托于自然资源成长起来的度假型酒店天然地就带有地域的文化风格,独具地方性特色,安静舒适的自然环境能够让疲惫的都市心灵享受全面的放松。另外,度假型酒店的费用一般较高,甚至远远超出了普通的商务型星级酒店(图 6-11)。

图 6-11　度假型酒店

（五）精品酒店

一般来说,精品酒店位于繁华的商业区内,周围有全面商业服务、交通服务作为配套,消费者群体主要是高端的都市人群,精品酒店相比于商务酒店来说,要更显个性化,高档、精美而不千篇一律。精品酒店通常分为"梦境型精品酒店""情侣型精品酒店""家庭精品酒店"等(图6-12)。

图 6-12　精品酒店

二、星级酒店的设计原则

（一）合理的功能布局

星级酒店一般来说都成一定的规模,接待人流量大,所以酒店整体能够做到合理布局、高效引导,是所有设计方案中的重中之重。在星级酒店中,大堂、走廊、客房、安全通道、休闲娱乐区都要合理安排,井然有序,才能带给消费者舒适的体验,并在最大程度上保证安全。

（二）独特的设计风格

酒店要想给消费者舒适,是技术层面上的功力,但是一个酒店要想让消费者记住,留下深刻的印象,就要打造属于自己的风格,对于以高档著称的星级酒店来说更是如此。风格理念不仅停留在商务酒店的高档、简洁、明快,度假酒店的轻松、靓丽……这样的层面上,而是意味着酒店应该根据自己对于文化的感受和理解塑造出独特的风格,这里的"文化"可以是本地的特色文化,可以是酒店独有的文化传统,也可以是酒店所有者个人的文化追求。

（三）注重人性化的设计理念

在现代社会,只要消费者的选择越来越多,商家竞争的硝烟就一刻都不会熄灭。对于星级酒店来说,硬件设施、服务态度仿佛该做到的已经都做到了,发挥的空间并不大。但是在人性化的设计理念方面,我国的星级酒店可以说才刚刚起步。人性化的设计理念,简单来说,就是不仅仅关心衣食住行、生活用度方面的事,而是要关心内心的体验。人情理念、绿色理念等都应该熔铸在酒店的设计当中。

第四节　休闲娱乐空间

一、休闲娱乐空间的分类

（一）歌舞厅、KTV 空间

休闲娱乐空间是人们放松身心、获得精神享受的重要场所,在商业空间中居于重要地位。歌舞厅、KTV 一般来说气氛都比较活跃,陈设、环境等应该让消费者感到亲切为上。这类场所的噪音也比较大,所以在装修材料的选择上一定要精益求精地选择隔音材料(图 6–13)。

（二）酒吧空间

相比于其他具有多重功能的商业空间来说,酒吧的功能较为单一,提供一杯酒和一个轻松惬意的地点是酒吧的主要功能。所以在酒吧的布局中功能性并不是第一位的,放在首位的可以是风格或者是氛围。酒吧的设计应该以轻松随意为主,装潢布置可以在很大程度上体现店主个人的风格。酒吧的空间不宜区隔,热闹是很多人来酒吧想要体验到的。但是酒吧可以将一个比较大的空间分成许多小尺度的各个部分,让人们在不同的区域体验到不同的情调(图 6–14)。

图 6–13　KTV

图 6–14　酒吧

（三）洗浴空间

在过去的社会，家庭中往往不具备可以洗浴、蒸桑拿的条件，人们想要洗浴一般要去"澡堂子"，以至于"澡堂文化"成为 20 世纪人们格外难忘的一道风景。但是在现代化愈加发达的现代社会，对于普通家庭来说，拥有完善便捷的洗浴设施早已不是一个奢望。所以对于现代商业洗浴空间来说也面临着转型的需求，过去的池式洗浴、洗泡、喷淋这一单调模式已经不能满足消费者的需求，建立洗浴、温泉、美容、按摩、养生，甚至加入心灵课程才是现代洗浴中心所应该努力的方向。如下图6-15、图6-16所示就是一个复古主题的集各种元素于一体的现代洗浴中心。

图 6-15　现代洗浴中心（一）

图 6-16　现代洗浴中心（二）

在现代洗浴控件的设计中要注意这样几个方面。

第一，要在装潢中体现人与自然之间的和谐。在空间的布置中，要注意"放"和"收"。"放"即放松身心，空间环境要能把人们在繁忙工作中所积累的压力释放出来。"收"即空间要能够让人们身在其中吸取自然之气。

第二,注重各功能分区的合理划分,避免交错和重复。以消费者的体验触点来规划整个布局。整个空间还要有一定的高度,这样才能保持良好的通风。

第三,在材料上,墙壁为了防潮和美观,一般为大理石和钢化砖。在干区,地板可以是石子地板或者是木地板,能够给人带来更为舒适的体验。

二、休闲娱乐空间细部设计

休闲娱乐空间相比于其他的商业空间,更加直接明确地将消费者的放松娱乐体验作为自己经营的目的。对于消费者来说,要想收获这样的体验,服务舒心、空间美化是重要的,但是与此相比更能够加深消费者体验的是细节部分的设计。细节处的用心彰显了商家的用心,在消费者收获舒适体验的同时,感受到一种人与城市之间的温情。对于我国的休闲娱乐产业来说,由于发展的年限太短,文化积累的不足,所以在细节设计上一直有所欠缺。从材料到技术,把握都不够精心。但是近些年来,有许多商家开始重视这一点。接下来我们浅谈一下休闲娱乐空间的施工规范和设计实例。

(一)休闲娱乐空间细部设计施工规范

我们在休闲娱乐空间设计中应注意它的细节设计,应对各个部分的设计和施工细节进行研究,下文我们以地面细部为例,对休闲娱乐空间的细部施工要点进行一些说明,着重讲一下它的地面细节施工要点。

休闲娱乐空间的地面大堂常用板厚 20mm 左右,目前也有薄板,厚度在 10mm 左右,适于家庭装饰用。每块大小在 300mm×300mm-500mm×500mm,可使用薄板和 1∶2 水泥砂浆掺 107 胶铺贴。

它的基本工艺流程如下:清扫整理基层地面—水泥砂浆找平—定标高、弹线选料—板材浸水湿润—安装标准块摊铺水泥砂浆—铺贴石材—灌缝清洁—养护交工。在施工时,我们要注意如下几点。

①先要把基层处理干净,凿平和修补高低不平处。

②石材铺装时应安放在十字线交点,对角安装。

③铺装时要注意挂线。

④铺装后要注意养护。

⑤铺贴前将板材进行试拼，对花、对色、编号，以使铺设出的地面花色一致。石材必须浸水阴干，以免影响其凝结硬化，发生空鼓、起壳等问题。铺贴完成后，2～3天内不得上人。不同类型地砖的分类细节介绍。

（1）彩色釉面砖类

程序：处理基层、弹线瓷砖浸水湿润、摊铺水泥砂浆安装标准块、铺贴地面砖、勾缝清洁养护（图6-17）。

图6-17　釉面砖

（2）陶瓷锦砖（马赛克）

程序：处理基层、弹线、标筋、摊铺水泥砂浆、铺贴、拍实洒水、揭纸拨缝、灌缝清洁、养护（图6-18）。

图6-18　马赛克陶瓷锦砖

（3）木地板类

现在大多采用高分子黏结剂，将木地板直接黏贴在地面上，这种做法是错误的，在混凝土结构层上应该用 15mm 厚 1∶3 水泥砂浆找平（图6-19）。

各类木地板的细节施工方法如下：

①实铺式木地板，木格栅的间距一般为 400mm，中间可填一些轻质材料来减低人行走时的空鼓声，改善保温隔热效果。地板之间的交接处用踢脚板压盖，并在踢脚板上开孔通风。

②架空式木地板高度较低，很少在家庭装饰中使用。在施工时要注意在地面先砌地垄墙，然后安装木格栅、毛地板、面层地板。

图 6-19　木地板

（二）休闲娱乐空间细部设计实例——KTV 细部设计思路

1. 基调

我们在设计 KTV 前首先要确定其细部构造设计的基调。基调很重要，既要让 KTV 整体统一在一个大的环境基调中，又要体现它的独特感觉和风格。比如，要体现出"粗拙古朴的厚重"和"精巧典雅的厚重"的细微的区别。这些深化的感觉，要在深化细部设计的构思过程中发掘和表达出来。

2. 材料

我们要知道，材料的分割尺度既影响效果也影响造价。一般尺寸较小的效果较碎,价格也就较低。所以,我们在选定 KTV 装饰装修细部构造的材料过程中,首先要确定材料的颜色、质感等,还要注意材料防火性能和环保性能也是非常重要的,不要留下安全隐患。

3.尺寸

细部尺寸是否合理影响整个空间的协调性。KTV 设计细部构造尺寸要注意以下方面的内容。

第一,地面要避免用边角料拼凑的感觉。地面净尺寸最好由整倍数块材料组成,迫不得已时也不能留出小于一半的边条,不然会不雅观。

第二,当某部分要用若干种材料叠加时,要注意其厚度与周边平面的关系,避免出现高低错乱的现象。

第三,当某些细部设备和构造下面要通行电路等设备时,要为其留出足够尺寸。

5.辅助设施

辅助设施是技术要素的整体设计。KTV 细部构造设计中所谓技术要素设计是指在 KTV 装饰设计中要处理好通风、采暖、噪声、视听等诸多技术要素。

第七章

商业街设计

商业街又称街区式商业,在空间形态上与集中式商业相对应,物理属性上呈现低开发强度、空间开放且具良好亲地性的特征。商业街由许多商店、餐饮店、服务店共同组成,按一定结构比例规律设计,是一种多功能、多业种、多业态的商业集合体。现代商业街一般呈线性带状且总长在 200 米以上,各种专业商铺在 30 家以上。商业街通常以入口至出口为中轴,沿街两侧对称布局,建筑立面多为塔楼、骑楼的形式。商业街业态既有集中和分散等经营模式,也有专业商业街和复合商业街等业态。商业街的尺度应该以消费者的活动为基准,重视消费者的心理感受,而达到一个舒适亲切又富有新意的空间效果。本章就将具体围绕商业街的类型、商业街的设计要点以及公共空间视角下的互动体验式商业街区建构三方面展开具体阐述。

第一节　商业街的类型

一、基于消费功能角度分类

基于消费功能角度，商业街区可分为：复合型街区、休闲型街区、社交型街区等几类，图 7-1 至 7-4 为一些地区的商业街。

图 7-1　东京新宿繁华商业街夜景

图 7-2　香港中环商业街

图 7-3　澳门商业街

图 7-4　岳阳汴河街

（一）复合型街区

复合型街区：以满足家庭日常生活消费与文化教育消费为立街之本，同时为休闲生活与社交需求提供消费场所的街区，如上海大宁国际、金桥国际、海口上邦百汇城、成都优品道等。

（二）休闲型街区

休闲型街区：以满足休闲生活方式和社交需求为目的，餐饮、娱乐休闲、配套服务以及精品购物四大功能相对均衡的街区,如新天地系列、武汉万达汉街(图7-5)等。

图 7-5　武汉汉街

(三)社交型街区

社交型街区:以满足社交消费目的,以大型商务餐饮和夜间娱乐等消费内容为主的街区,如成都兰桂坊、北京三里屯(图7-6)、苏州月光码头等。

图 7-6　北京三里屯

二、基于商业街经营规模和形态分类

从商业街经营规模和形态上分类,商业街大致分为四大类:有历史传统的步行商业街、大型中央商业街、社区商业街、专业特色商业街。

(一)有历史传统的步行商业街

许多城市的步行商业街都规划在城市有商业历史传统的街道中,如北京前门商业街、上海新天地、广州上下九路步行街、成都宽窄巷子商业街等。那些久负盛名的老店、古色古香的传统建筑,犹如历史的画卷,会使步行商业街增色生辉。而设计有历史传统的步行商业街时,要注意保护原有建筑风貌,如图7-7、图7-8。

图 7-7　天津步行商业街

图 7-8　古色古香商业街

（二）大型中央商业街

　　大型中央商业街是经济发展到一定程度的产物，是大都市的商务核心区域，如美国纽约的曼哈顿、东京银座（图7-9）等。大型中央商业街是一个具有综合性功能的区域，包括金融、贸易、信息、展示、娱乐、写字楼及市政配套。中央商业街位于城市中的黄金地段，是经济和商业发展的中枢地带。

图7-9　东京银座

（三）社区商业街

　　社区商业街（图7-10）经常是同住宅建筑合二为一的，也就是底层商业。社区商业街总体规模小，是一种社区化的消费场所，以零售业为主，如超市、零售便利店、药店等。社区商业街在首层商业空间与二层住宅空间之间常常用雨罩、骑楼、遮阳等形式，将商业空间与居住空间区分开，既能降低噪音和视觉干扰，也可使上下不同的建筑个性有一个明确的区分带。

（四）专业特色商业街

　　专业特色商业街即是在商品结构、经营方式、管理模式等方面具有一定专业性的商业街。它分为两种类型。一是以专业店铺经营为特色。以经营某一大类商品为主，商品结构和服务体现规格品种齐全、专业性的特点，如文化街（图7-11）、美食街（图7-12）、电子一条街等。二是具有特定经营定位。经营的商品可以不是一类,但经营的商品和提供的服务可以满足无目标消费群体的需要,如老年用品、儿童用品、学生用品等。

图 7-10　社区商业街

图 7-11　西安中关文化街

图 7-12　湖南美食街

第二节　商业街的设计要点研究

一、商业街的空间限定

由于商业街的空间是开放的,和周边城区的交界比较模糊,因此在设计商业街的时候最好在入口、出口、中心及两侧设立明显的标志物(图 7-13)或者标志建筑来限定空间。这样一来,购物者能感知自身在这商业街内的空间位置,避免了在开放空间中常有的混乱与迷失感。

图 7-13　入口标志

在商业街的入口和出口两端设立明显的标志物,如有特色的门廊、牌坊等。在商业街的中央区域,可以一座高耸的建筑物标示中心,如重庆的解放碑就成为重庆市渝中区中央商务区 CBD 的标志物(图 7–14)。而商业街两端的标志建筑物确立了商业街的空间范围,也便于购物者发现对面的商业建筑,促进商业人流。

图 7–14　重庆市渝中区中央商务区

人在商业街中漫步时,会进行各种形式的活动,时而漫步前进,时而停留观赏,时而休息静坐。因此商业街的空间大致可分为"交通空间"和"购物步行空间"。"交通空间"可用于快速前进、交通工具通行、列队行进等。而"购物步行空间"可用于购物、休憩、读书、等候及饮食等。对于商业街的空间而言,具有通过性、发散性的"交通空间"不易聚集人气,因此最好把"交通空间"与"购物步行空间"隔开(图 7–15)。

图 7–15　商业区中央地铁站

二、风格色彩的多元化

自然形成的传统商业街的诱人之处,在于其不同时期建造的、风格迥异的铺面杂拼在一起,造成以极其的多元化而达到统一的繁华效果。新设计的商业街往往因人为地统一而流于单调乏味。为追求传统商业街的意境,设计师应有意识地放弃追求立面手法简单的统一,甚至应刻意创造多种风格的店铺共生的效果(图7-16)。

不同风格的建筑单元拼在一起使人联想起小镇风情。即便是同样设计的不同单元,也通过材质、颜色的变化,加强外观差异化。商业街的魅力就在于繁杂多样立面形态的共生,这也是商业街与大型百货商厦的区别,也是商业街的魅力所在。

图7-16　天津津湾广场风景

三、软化与精化

商业街建筑的店家需要根据自身商业的性质特点,进行二次装修店铺外观。所以商业街的建筑外观仅仅是一个基础平台。二次装修中,店家需要安装有个性的招牌,有特定的颜色、样式。而招牌、广告、灯箱等空外饰物往往成为建筑外观中最惹眼的元素(图7-17)。所以成熟的商铺建筑外观设计应考虑"二次装修"改造的可能,应预留店名、招牌、广告和其他饰物的位置。

为突出人情味,商业街表面构件上越来越多地应用了软性材料,例如篷布遮阳、竹木材料外装、悬挂的旗帜和其他织物招牌等饰件。这一趋势使得建筑立面设计更趋近装修装饰设计,也要求设计师不能停留在建筑框架的设计深度上,必须以装修的精度来做商业街立面设计。换句话说,商业街的外观设计已经很室内化了。

图 7-17　装饰店铺

四、重视非建筑元素

商业街室外空间商业气氛的形成,主要决定于建筑的空间形态和立面形式,但也取决于其他一些建筑元素的运用。比如室外餐饮座、凉亭等功能设施,花台、喷泉、雕塑(图 7-18、图 7-19)等,灯具、指示牌、电话亭等器材,灯笼、古董、道具等装饰,铺地、面砖、栏杆等面材,这些元素是商业街与人发生亲密接触的界面。

图 7-18 天津意大利风情街美女雕像

图 7-19 雕像

第三节 公共空间视角下的互动体验式商业街区建构

一、商业公共空间

公共空间可被称为城市中的第三场所。作为城市生活的载体,公共空间代表的是一座城市的文化氛围和品味,更是承载了多种类型和特色的公众活动。

商业公共空间是城市公共空间的一种重要组成。商业公共空间是以公共交往和购物消费为基本功能,形式上室内空间与非通道功能的开敞空间相结合的城市空间。现代城市中,商业公共空间不仅是人们购物的地方,更是为人们提供了除家庭、工作之外的第三共享空间,任何市民都可以公平享受这一开放自由的环境、休闲放松的商业氛围、时尚富有特色的文化环境,为交流交往等行为提供了无拘束的场所。

二、互动体验型商业公共空间

以往商业空间的性质属于单纯的商品交易场所,几乎没有与休闲娱乐相结合的体验场所,在经历了百货商店、超市、连锁店、大型商场的兴衰更迭之后,正以不可逆转的潮流发展为情景式体验消费。"体验"是继产品、商品、服务之后的又一个新的经济提供物,是未来经济中新的价值源泉。当企业有意识地以服务为舞台、以商品为道具使消费者融入其中,体验就产生了。琳琅满目的商品已经不能满足消费者的需求,多样充满风情文化的体验式商业空间正在成为消费者们的新宠儿。消费者们在购物其具有开放性和私密性结合的空间特性,满足市民空间行为复合型需求。

三、互动体验型商业公共空间的营造

"互联网+"时代下。信息的发达和物质资源的丰富使人们的购物方式有了很大的转变,线上下单,线下体验的O2O模式对商业空间的互动体验性提出了更高的要求。互动体验空间是商业街区中满足人们精神愉悦的基本要素,因此注重感受、注重体验、注重人们购物心情与情感交流互动的体验式商业是未来发展的趋势。互动体验型商业公共空间的营造需要做到以下几点。

(一)营造多元复合的商业公共空间

功能复合为人群流动和集中活动提供了高效率的载体和场所,形成了多种类型和特色的活动场所,使人们在空间穿梭的同时拥有了多变丰富的体验感。

　　在北京三里屯商业街区的设计中,建筑形式的多样与外部空间形态的复杂,构成了复合商业空间的基础。空中连廊、下沉式广场、弯曲的小河、地下步行街形成了复杂多样的室外交往空间,更是融合了商业、餐饮、购物、休闲、娱乐等多种功能,成为时尚生活聚集地、都市潮流发源地、国际文化交汇地、浓缩的城市景观(图 7-20 至图 7-23)。

图 7-20　商业街区

图 7-21　商业街区

图 7-22　商业街区

图 7-23　商务楼下沉广场

（二）营造互动体验的公共氛围

　　捷得事务所提出的"场所创造"理念阐释了参与性体验的内涵,他们认为空间必须多样化,使每个人都能有机会主动地参与和创造,若空间不能提供这样的机会就无法构筑体验性场景。在西夏万达商业街区的设计中,消费者较为被动地融入环境,身心皆不能完全放松地体验商业和文化氛围,且互动行为很少。因此在设计中,要以消费者为中心,通过环境的设计,调动消费者的主动性,让其发自内心、积极主动地融入进去,与人、环境和体验商铺产生互动,激发消费者的自发性活动。

（三）营造重要的空间节点

完善绿化和街道家具优美的空间节点对于塑造积极的空间有重要作用。街道的节点空间、局部的高潮、趣味的场景联结、丰富的空间、错落的楼梯平台、多层次的联系天桥等都增强了街道趣味性与宜人的尺度感。在西夏万达商业街区中,选择例如骆驼元素等有中夏地域特色的景观小品和街道家具融入其中。在方便了市民休闲的同时宣传了中夏的沙漠文化。市民与骆驼小景形成互动,在这一景观节点上发生多样的体验行为,进而带动了附近的活力。绿化景观和街道家具同样重要,在熙熙攘攘的人群中,绿色植物的存在能为人们带来放松的心理感受,人们有与自然接近的天性,绿色植物能让人更好地平复心情。

（四）保证空间的活力性

在西夏万达广场的实地调研中发现,在商场晚10点营业结束后,商业街即恢复了安静的状态,鲜少有人在此地聚集。原因有两点:在业态分布上没有安排晚间商业的主题,且街区内夜景照明不能形成人群聚集的氛围。应当用灯光照明营造有活力的商业夜景,吸引更多的市民来此,使得商业时间有所延长,商业公共空间活力增加,形成全时商业空间。在促进活力的同时,有更加丰富多彩的商业活动展开。

在城市公共空间中,老年人和儿童的活动空间极容易被忽视。在商业街区的设计中考虑无障碍设施和注重儿童活动的特色乐园(图7-24、图7-25),将有助于形成全龄空间,为更多更广年龄层次的人提供丰富的城市生活,让他们的城市体验不再局限在公园之中;同时增加老年人与青年人和儿童之间的接触与交流、增进感情、消除隔阂,在轻松愉快的环境中减少代沟。

图 7-24　儿童活动设施

图 7-25　儿童活动设施

　　商业公共空间作为城市公共空间的一种重要组成,其具有开放性和私密性结合的空间特性,兼具购物消费、休闲娱乐、文化宣扬的复合功能,体现了容纳各阶层市民、包涵多样文化及发生各种行为事件的多元性,是满足市民空间行为复合型需求、解决我国城市公共空间匮乏的新思路。通过营造多元复合、互动体验型的商业公共空间,使市民在其中享受体验与互动的快乐,为市民提供自由交流与交往的场所空间。

第八章

商业空间设计案例赏析

本章作为本书的最后一个章节，我们用商业空间设计中最前沿的设计案例来结束。对于商业空间设计的爱好者和学习者来说，在案例中进行学习是再好不过的方式了。本章的内容包括互动装置艺术在城市商业空间的应用、基于体验式儿童商业空间设计以及商业空间设计经典案例赏析。

第一节　动装置艺术在城市商业空间的应用研究

随着现代城市生活突飞猛进的发展和公众对于生活水平的需求不断提高。商业空间对于程式中的人群来说已经不仅仅是一个购物的地方,同时更加承载着一种生活方式和文化氛围(当然,文化氛围的建构和商业利益也是密不可分的,独具特色的文化氛围将人们吸引到商业空间中来,才能激发消费欲)。商业空间的升级将会把更多的精力倾注于消费者的体验和心理研究上面。在提高消费者的体验上面,互动装置艺术将会带给人们更多新鲜的感受,装置对于消费者来说不再只是冰冷的实用性存在,同时也被赋予了更多人情的温暖。

一、什么是互动装置艺术

(一)互动装置艺术概述

互动装置艺术,从最简便的意义上讲,可以看作是互动语境之下的装置艺术。装置艺术兴起于 20 世纪 60 年代,是一种带有平民色彩的空间艺术,也就是在一定场地中运用一定的物质材料进行展示的艺术活动。这里的"物质材料"往往指的是我们在日常生活中可以见到的装置。而艺术性的展示意味着对这些物质材料根据一定的艺术品位和艺术法则进行改造、组合与选择。装置艺术近些年来在我国才得到重视,但是在西方已经有了几十年的大力发展。英国伦敦的装置艺术博物馆、美国纽约新兴的当代艺术中心、旧金山的卡帕街装置艺术中心、圣地亚哥当代艺术博物馆等都是国外专业的装置艺术舞台,以美国圣地亚哥当代艺术博物馆为例,在 1969 年至 1996 年期间,就举办了 67 次装置艺术展览。在美国美术院校毕业的硕士生很多人都成了装置艺术家。

（二）互动装置艺术的特点

互动装置艺术立足于传统装置艺术的基础上，将人的互动当做艺术活动不可或缺的因素，尝试着在参与的过程中确立人的主体地位。一般来说，互动装置艺术具有以下几个特点：

第一，互动装置艺术是一个空间的存在，它致力于打造一个可以使观众置身于其中的三维立体环境，这个环境既可以存在于室外，也可以存在于室内。

第二，互动装置艺术一定要考虑观众的介入，观众的参与不仅仅是互动装置艺术得以完成的关键，而且还能为装置艺术提供独一无二的反馈和灵感。具体来说，观众的"介入"不仅是在场，还意味着肢体语言、听觉、触觉、味觉等的参与。

第三，互动装置艺术对于环境有很强的依赖性，它的设置和建构必须要考虑周遭环境的特点，根据特定的地点和环境，甚至包括人们的生活习惯、文化习俗等进行特殊的考虑。

第四，互动装置艺术具有很大的灵活性，也就是说，是一种"不断变化的艺术"，艺术作品在不断演出和展览时，可以根据具体的情况变换组合，根据环境因素加减增添。

二、互动装置艺术在商业空间中的应用原则

（一）坚持地域性原则

我们知道，城市商业空间不仅是一个购物环境，而且是城市消费者展示独特个性和放松身心的场所。商业空间中的互动艺术也要体现对于消费者体验的重视。作为一种艺术形态，优秀的互动装置艺术将城市的历史和文化熔铸于其中，坚持地域性也就征服了广大消费者的内心，能带给他们无尽的亲切感和厚重感。商业空间中的互动装置艺术设计师要对所在城市的地域环境进行深入的调查和研究，深入实地，将不同的因素解构、重组、整合到互动装置当中，注重吸收富有地域性的工艺艺术、雕塑艺术、影视艺术、景观艺术等。当然，这需要不同学科的专业人员进行悉心的合作。

（二）坚持体验性原则

互动装置艺术在商业空间内的设置既有赏心悦目的艺术功能，又具有令消费者获得休憩的实用功能。所以不同于纯粹的个人化艺术，商业场所中的互动装置艺术带有明显的消费者导向，在运用中我们既要考虑到空间内人群的心理特征、行为活动特征，装置中的声、光、电的设计，也要考虑到消费者在参与时的舒适度问题。例如，上海的K11艺术中心，在游廊的顶部设置有光彩夺目的感应灯光，色彩的变换将会根据游客的体感、行动等有所不同，致力于为消费者打造出更舒适新奇的体验。

（三）坚持生态性的原则

艺术是人性的表达，也是人性的反思。尤其在步入21世纪以来，人类的发展对自然环境产生了巨大的威胁，这一事实情况日益走进了大众的视野。与之相伴随的是，生态文明的理念逐渐渗透到了艺术的创作当中。这意味着以人类为中心的艺术创作理念开始发生了转变。互动装置艺术作为一种空间艺术、环境艺术，对于发挥生态理念自然拥有得天独厚的优势。例如，在加拿大蒙特利尔的一个市政广场上的一个互动装置，当人们在散步时经过其中的时候，这件冰山造型的灯光艺术装置就会发出雪山融化的声音，伴之以流水潺潺的音效，另外还有不同的灯光介入其中。这个装置意在直观地唤醒人们关于现代气候变暖的意识。

另外，商业空间中互动装置艺术的制作也体现了强烈的生态意识。许多互动装置艺术采用的是废旧材料和可循环材料，这本身也是生态理念的传达，展出活动一结束，这些材料还可以重新被利用。

三、互动装置艺术在商业空间利用中的问题

（一）技术与艺术相结合的难度

毫无疑问，互动装置艺术是艺术创作思维和现代科技之美的融合。可是，我们每每惊叹于这样的杰作，却不得不承认背后隐含着的技术与艺术的结合之痛。这主要表现在三个方面。其一，科学和艺术的追求有所不同，科学追求物质的结构美，而艺术却力图呈现出一个生动的感性世界。两者之间既有相似之处，也有巨大的差异。其二，互动装置技术本身是多种科学技术相互配合的结果，数字媒体技术、传感技术、计算机技术都在其中有着重要的应用,所以各路人员协作和人员学科背景构成的差异化都为技术与艺术的融合提出了巨大的考验。其三,因为互动装置艺术是一种互动艺术和空间艺术的结合,再加上表现方式的全息化,能够为观众带来强大的视觉震撼,这就导致其过分科技化,好像科技的运用就可以征服观众,所以在这个过程中如何发挥艺术家的个人魅力和创作灵感、如何从全局和整体出发进行艺术创作变成了一个考验。

(二)互动装置艺术的创新性

与上文的论述紧密关联。在商业空间中的互动装置艺术由于其强烈的商业化色彩,往往陶醉于如何给观众带来更为逼真的视觉震撼,视觉化的冲击、体验上的快感、大众目光的青睐,仿佛都让互动装置艺术困于"模式化"的美味陷阱中无法自拔。久而久之,互动装置艺术在如何带给观众与众不同的体验上便显得有些心有余而力不足,这也就是创新性的瓶颈。简单的重复和没有底线的抄袭也在逐渐减少人们对于互动装置艺术的兴趣。

另外,装置艺术的创新难度还在于艺术与商业的平衡上,艺术家都是具有独立的人格的个体,个人意识和内在的创造灵感确立了艺术家内心深处独特艺术天地的存在。但是商业化的运作又要求艺术家在某种程度上放弃自己的个性,迎合朴实大众的文化口味。两者之间的矛盾为互动装置艺术在艺术上的创新设置了本质层次上的阻碍。

(三)安全问题

人流量大且密集,是商业空间的重要特征,这就为互动装置艺术在精彩的表演背后留下了巨大的安全隐患。互动装置艺术的运用涉及各种多媒体技术,制造出的光电效果需要后台复杂的线路操作。并且由于商业场所中所采用的新材料、新技术也在注重美观的时候多多少少牺牲了一些防火性。这就导致互动装置被大量消费者频繁地使用和体验时容易引发火灾、触电等危险,并且在人员密集场所一个小小的疏漏就可能引起巨大的损失。

四、互动装置艺术在商业空间应用中的案例分析

（一）耐克的"无限运动场"

2017年在菲律宾首都马尼拉市中心"世界上第一个全尺寸LED跑道"诞生了，它是由耐克建造的巨型互动艺术装置。该装置是以耐克经典的跑步鞋Lunar Epic为原型，看上去是一个巨大的脚印。该装置被耐克称为"无限运动场（unlimited stadium）"。

这不仅仅是NIKE的自我宣传手段，同时与该品牌的文化息息相关：Just Do It！该装置是脚印形状的200米跑道（有上坡路段）并且有成千上万个LED组成跑道的立面屏幕，当人们穿上NIKE的专属鞋子在跑道上进行跑步时，超级精确的射频识别（RFID）技术可以追踪每个人的运动轨迹，当参与者开始第二圈跑步时，立面LED屏幕上便可以显示第一圈参与者的影像并且以第一圈的速度奔跑鼓励参与者与第一圈奔跑的自己赛跑，并且以这种激励方式不断循环，这种方式鼓励参与者不断超越自己。该装置的虚拟库中有大量的数据，参与者可以选择不同的虚拟人物跟自己赛跑或者陪跑，给了用户极大的参与权限，并且以新颖的互动形式吸引了大量的夜跑者参与，在参与该装置的同时也锻炼了身体甚至突破了自己，是城市商业空间内的优秀互动装置作品。这样的装置在给人提供了夜跑场所的同时，吸引了世界各地的人们前去尝试和体验，拉动了当地经济发展的同时，提高了当地的艺术影响力，提高了马尼拉的艺术氛围。

（二）北京世贸天阶天幕

2006年建成的北京市世贸天阶天幕是国内著名的超豪华LED天幕，该天幕贯穿于世贸商街，长250米、宽30米悬于头顶。一句"全北京向上看"使这里成为闻名遐迩的观光游玩胜地。世贸天阶天幕由著名的好莱坞舞台大师杰里米·雷尔顿担纲设计且拥有极其震撼的视觉效果。

这座天幕在傍晚时分将在屏幕上播放不同主题的景象（星空、海洋、艺术），为人们呈现出绚烂、震撼的视觉效果，与此同时，人们可以将想说的话语通过短信发送到信息平台继而在天幕上滚动展示。这也大大激

发了人们参与的积极性。世贸天阶不仅仅是人们购物的地方,天幕的加成使世贸天阶成为地标性的商区。

第二节　基于体验式儿童商业空间设计

一、体验式儿童商业空间设计影响因素

（一）儿童活动特点

1. 受家长引导较多

儿童因为年龄较小,缺乏自主能力和自我保护的能力,所以在商业空间中进行活动的时候,需要监护人的引导和呵护。在商业场所中,小孩子在逛书店、逛游乐场、参观景观等休闲休憩活动中都会有大人的陪伴。所以在体验式儿童商业空间的设计中,就不能单单考虑儿童的需要,对家长在这个过程的体验也要进行全方位的考虑。而家长对商业区域的评价也会直接影响到儿童的选择,毕竟儿童去哪里,多是由家长"带"去的。

2. 活动较长

不同于过去商业空间的实用功能占据主导,在现代化的商业空间中,休闲放松的功能变得越来越重要。再加上儿童本来爱玩的天性,所以人们,尤其是儿童,在儿童商业空间中停留的时间将会大大加长。商业空间也会迎合这一趋势,设置更多符合儿童兴趣点的停留空间,融购物、娱乐、休闲、游戏于一体(图8-1)。另外,还要重视活动持续时长的分布情况,虽然人们的休闲娱乐意愿很强,但这些活动归根结底还是受人们的可自由支配时间决定的,一般来说,节假日和周末的客流量会比较密集,所以儿童商业空间也要将这一点纳入重要的考虑范围。

图 8-1　融休憩、游戏和购物于一体的商业书店

3. 时域性

商业空间中儿童室内游憩空间由于顶界面和边界的存在，会减少自然环境对游憩活动的影响，以舒适的环境满足了儿童游憩活动的要求，所以儿童游憩活动不受天气变化的影响。但是儿童的游憩活动却具有时间性的特点。商业空间中儿童室内游憩空间的儿童游憩活动多集中在周末、节假日、寒暑假；傍晚和晚饭后这两个时间段也比同一天中其他的时间段活动人数要多。

(二)儿童对商业空间的需求

1. 房间的功能

儿童商业空间虽然是一个整体的概念，但是根据功能期待的不同可以分为很多个类型，儿童对各个类型体验区域的要求也不一样。一般来说，儿童商业空间可以包括娱乐空间、教育空间、零售空间、服务空间等。对于娱乐游戏空间来说，一般要求采光充分、通风良好，娱乐设施的设计要符合儿童的生理尺寸，配套的卫生清洁设施也要健全。材质和数量也要满足儿童的喜好和需求。对于教育空间来说，并不需要太大，但是要保障安静安全。零售空间由于承担以儿童为主要体验对象的零售任务，所以在货架的间距设置以及高度等方面，都要考虑儿童的身体情况，零售区域的分类也要站在儿童的立场。另外，如果儿童需求和家长需求之间产生冲突,要首先照顾到儿童的需求。对于服务空间来说,卫生间、开水间、临时储藏室等都需要根据儿童的需求进行设置,并且一定要确保安全性(图 8-2)。

图 8-2　商场中的儿童娱乐空间

2. 安全需求

儿童商业空间的使用者主要是未成年人,在游玩的过程中需要家长和工作人员的陪同和保护,但是再周全的考虑也不能完全避免安全隐患的存在,所以最大程度上保障儿童商业空间的安全性是非常重要的需求,也处处影响到了商业空间的设计。在考虑安全需求的时候,我们主要考虑以下几个方面的内容:一是空间中的防火、疏散要求;二是在儿童攀爬栏杆或者是游玩架的时候要考虑到高度问题;三是娱乐材质的清洁程度。

3. 整体性的需求

和成人的活动方式不同,儿童的活动方式往往是无组织、无计划的,有很大的自发性成分存在。儿童天真烂漫,但是无序的活动常常增加了不可控的风险。儿童的兴趣点、随心所欲的行动都会给儿童带来安全的隐患。这不仅提示了我们儿童的活动具有安全需求,也提示我们在进行商业空间设计的时候要进行整体性、综合性的考量,规整有序的室内空间布置可以将儿童引导到可预知的路径上,这都需要一套专业化的服务流程。

二、体验式儿童商业空间的设计策略

（一）体验式的空间设计

在现代的儿童商业空间中，儿童消费的动力是建立在全方位舒适体验中的。一般来说，成人的购物体验空间要求的是舒适、有特色、有品位，各个区域之间要求简洁直达。但是对于儿童来说，由于其对这个世界处于特别好奇的阶段，探索欲特别强烈，所以儿童的商业空间设计追求的是生动、神秘、可爱，要求富有特色的环境特征。对于体验式的儿童商业空间来说，设计的时候需要注重以下几个方面。

第一，空间要具有灵活性。各个功能分区之间要设置灵活自由的引导形式，同时配备齐全的配套设施，游玩设施要可以经常性地更换，这样能够持续对儿童起到吸引作用。

第二，引入自然元素。热爱自然是儿童的天性，但是对于现代的城市儿童来说，充满泥土气息的大自然早已不可得，平时去到郊外的机会少之又少。所以商业空间中的自然元素可以成为一个重要的弥补。

第三，要注意功能空间的相似性与区分性。功能空间往往各有不同，但是彼此之间又不能相隔太远。所以将整体的空间按照一定的逻辑方法组合起来是应有之义。另外，我们还要注意，空间之间的布局不能太过密集，将大空间单独布局，并体现各自的特色才能最大化地扩展自己的消费群体，但也不能太过于疏远，要注意设置符合儿童审美的游廊来加强空间的整体联系。

第四，加强商业空间的人文体验。儿童商业空间的设计不能一味寻求可爱、童真的设计风格，同时也必须体现一定的文化品位。文化底蕴不仅是成人所追求的，儿童也能够清晰地感受得到，虽然儿童不能清晰地表达出来，但这样的影响是潜移默化的。人文体验、人文关怀是任何一个商业空间设计的核心所在。从商业的角度来看，也只有这样才能激发儿童消费市场的巨大潜力。

（二）协调布局策略

由于儿童商业空间的设计一般来说是多样化且富于色彩的，所以"杂而不乱"应该成为一个重要的追求。这就要求设计人员必须具有协调布局的能力。具体来说,儿童商业空间的协调布局策略包含以下几个方面。

第一,儿童商业空间应该设置统一的主题(图 8-3)。统一首先意味着"差别",也意味着"差别"中的内在和谐。儿童商业空间的主题可以是地域文化主题、艺术主题、卡通主题、自然元素主题、学科主题(包括天文学、生物学、音乐、绘画等)。

图 8-3　海洋主题的儿童商业空间

第二,在统一的主题之下,儿童商业空间也要注重局部主题的设计。例如,在商业空间的入口设计上要使用容易吸引儿童的色彩。另外,休息空间和中庭空间也要充分利用。

第三,要注意交通空间和公共空间对各功能空间的组织协调功能,各个空间的链接要注重协调性和序列性的布局,故事化的情节空间能够引起儿童最大程度的兴趣。起点、过渡、演变、高潮、缓和、结束,这样的层次设置会让整个空间显得错落有致。

(三)注重细节设计

儿童不同于成人,自我保护和自我判断的能力较弱,所以在设计儿童商业空间的时候,细节之处的留意必不可少。在细节处要充分体现出对于儿童心灵的关爱和安全性上的考虑。从商业空间的设计人员角度来说,需要考虑的细节其实无穷无尽,下面我们简单列举几点。

第一,全面的导视系统和可视化的电梯空间可以让儿童的活动最大程度地把握在家长和商场后台监控之中,不放过任何一个死角,商场要为儿童的安全负责。

第二,在光环境设计和触觉上的材质设计都要照顾到儿童的生理和心理情况,尽可能选择不伤眼的柔和灯光,设施的材质也要尽可能地选择比较柔软的质地,这样能给儿童带来亲切感,也能尽量避免对儿童造成伤害。另外,在前文我们提到商业空间中自然元素的引入,在这里需要注意的是,儿童商业空间中的植物和动物要尽可能选择无毒无害的,动物需要专门的看管人员。

第三,在配套设施上,儿童商业空间的地面设计要可爱生动,多使用防滑、柔软的材料(图8-4),其次考虑木地板,但是最好避免水泥或者打蜡的地面。设施表面的涂料也要选用对儿童无害的涂料。由于儿童一般都比较多动,桌椅的角最好是圆的,并且一定是坚固耐用的材质。

图8-4　材质柔软的地面

第四,辅助设施的建构虽然不是重头戏,但却是必要的保障。儿童商业空间中的辅助设施要兼顾儿童和儿童家长的使用性,例如,卫生用具要容易清洗和更换、母婴空间要温馨便捷,保障足够的舒适度,儿童车的租借和使用也要在数量上和质量上满足消费者的需要。

第五,在儿童商业空间的设计中,人和观看设施都要满足成人视线和儿童视线两种视线水平。

第三节　商业空间设计经典案例赏析

一、服饰店的设计

（一）服饰店空间特征

（1）服装店的空间设计要依据品牌营销定位的风格特点来进行。空间形态表现，如针对不同人群（男女老幼的不同需求）、不同消费阶层（普通消费、高档消费、品牌消费）等，空间风格特色有硬朗的男装风格的空间特点，柔顺的、性感的、古典的、现代的、前卫等的女装风格（图8-5）的空间特点。

图 8-5　富有现代感的女装店

（2）依据品牌营销定位的经济性特点表现空间形态，如商品低密度空间布局的高贵高档感、商品高密度布局的拥挤感和低档感。

（3）流行时尚在空间形态中表现，服饰店紧跟时尚，不断更新空间，不断出新花样，空间造型前卫、装饰时尚。

（4）展示陈列艺术化、情境化。表现在空间布局中突出服饰陈列的"赏心式"品牌文化体验，塑造唯美浪漫或清丽可人的店面氛围，用一系列以传播真爱、情趣、国风、乡情、异域等主旨的品牌活动，使消费者感受爱、幸福、异域情(图 8-6)。

图 8-6 中国风格的民族服饰商店

(二)案例研究

本案例是位于城市中心的一家服饰店,建筑面积约 300 平方米,在原有场地的基础上以流畅的曲线重新划分功能分区,在满足零售业基础功能需要的同时,形成富有变化的空间体验。

1. 功能分区

服饰店的功能主要由展示空间和服务空间构成。其中展示空间是主要空间,包括店标、入口、橱窗、展柜、展架和展台等;而服务空间则是辅助空间,比如接待收银台、试衣间、休憩桌椅、储藏室和办公室等。在本案例中,运用其原本建筑平面,重新划分功能分区,形成服务空间、大小展示空间和交通空间等区域。

2. 动线

在本设计中,为了让动线串联更多的服饰陈列区域,在借助于平面布局的基础之上,沿墙体进行了展柜和展架的设置,在局部区域中设置以异形陈列架为主的视觉中心,并尽可能地避免单向折返和死角,使消费者流线通畅。

3.空间

根据人的视差规律,通过店内地面、顶棚、墙面等各界面的材质、线型、色彩、图案的配置与处理,以及玻璃、镜面、斜线的适当运用,可使空间产生延伸、扩大感。该服饰店中的部分展示区域的虚实相间隔断的处理手法,使得空间之间相互穿插、融合,丰富了主次关系。

4.色调

总体色调呈白色,地、顶墙、楼梯、设施、展架均统一在主色调中,并运用暖色调光环境,主要是通过漫射光运用,生成温润、清丽的店面氛围(图8-7、图8-8)。

图8-7 白色的店内设计(一)

图8-8 白色的店内设计(二)

5.氛围设计

　　该服饰店运用的是简洁的后现代主义风格,色彩不多却给人充分的想象空间,店面的装潢和展示也将后现代绘画的元素考虑其中(图8-9)。

图8-9　店面氛围设计

二、小型餐饮设计

(一)小型餐饮的空间特征

　　小型餐饮空间,指在一定的场所,公开地对一般大众提供食品、饮料等餐饮的设施和小型公共餐饮屋,既是饮食产品销售部门,也是提供餐饮相关服务的服务性场所。小型餐饮类营业空间类型有快餐店、风味餐厅、酒吧、咖啡厅、茶室等。人们走进餐馆、茶楼、咖啡厅、酒吧等餐饮建筑,除了满足物质功能以外,更多的是休闲、交往、消遣,从中体味一种文化并获得一种精神享受,小型餐饮建筑应该为客人提供亲切、舒适、优雅、富有情调的环境。门厅、休息厅、餐饮区、卫生间等功能区域是消费者消费逗留的场所,也是餐饮空间室内设计的重点。

(二)案例研究

　　本案例是位于城市中心的一家主题餐厅,面积约60平方米。原场地空间为 L 形,如何处理空间,使其在满足接待消费者和使消费者方便用餐这一基本要求外,同时还要追求更高的审美和艺术价值,及更好的空间感受,使得空间更有特色,成为此案重点需要解决的问题。

1. 总体布局

餐厅总体环境布局是通过交通空间、使用空间、工作空间等要素的完美组织所共同创造的一个整体。主次流线有效地串联起了整个空间的每个部分。

2. 空间创意

空间设计的灵感来源为一张白纸,首先将白纸定向切割,形成条带状后,然后通过折、包、卷等方式,从而形成座椅、台阶、隔断、吊顶等局部,再将这些局部组织、拼接,最终构成一套完整的包裹的空间。同时座椅、隔断的立面甚至大块的地面都被铺上了草坪,代替了建筑原本冰冷的混凝土,另外"白纸"的表面印上了树的剪影,使得人们在室内用餐时如同在树林里的草地上,让人们切实感受到绿色、自然。

3. 绿色表皮

表皮材质的选择以草地、树木为主,来强调生态的理念,材料与形式均与室内空间相呼应。材质选择了以木和人造石为主,意在表达一种更接近质朴自然的感觉。

4. 细部刻画深入

进入餐厅,中间最大的面积用作大厅散座,而雅座设于两侧,相对围合安静。大厅中间的立柱利用与周边统一的材料进行弱化,地面处理相对简单,顶面做不规则的划分吊顶,与空间中运用的折线相呼应,使得细节更加丰富。

参考文献

[1]周昕涛.商业空间设计 第2版［M］.上海：上海人民美术出版社，2009.

[2]郭立群，郭燕群.商业空间设计 第2版［M］.武汉：华中科技大学出版社，2012.

[3]吴韦，李化，郭婷婷.商业空间设计［M］.武汉：华中科技大学出版社，2019.

[4]刘菲菲.商业空间设计［M］.南京：江苏美术出版社，2018.

[5]吴志强，高雄.商业空间设计［M］.镇江：江苏大学出版社，2018.

[6]周昕涛.商业空间设计［M］.上海：上海人民美术出版社，2006.

[7]彭军.商业空间设计［M］.天津：天津大学出版社，2011.

[8]郭立群.商业空间设计［M］.武汉：华中科技大学出版社，2008.

[9]王晖.商业空间设计［M］.上海：上海人民美术出版社，2015.

[10]罗兵，朱琼芬.商业空间设计［M］.青岛：中国海洋大学出版社，2015.

[11]刘丽娟，许洪超，郭媛媛.商业空间设计［M］.合肥：合肥工业大学出版社，2016.

[12]卫东风.商业空间设计［M］.上海：上海人民美术出版社，2016.

[13]鲍艳红.商业空间设计［M］.合肥：合肥工业大学出版社，2017.

[14]王俊茹，李晓昕，刘莹［M］.商业空间设计.武汉：武汉大学出版社，2017.

[15] 朱力,田婧.商业空间设计［M］.武汉:华中科技大学出版社,2017.

[16] 顾逊,薛刚.商业空间设计［M］.北京:中国轻工业出版社,2013.

[17] 肖璇,董晓旭,白雪.商业空间设计［M］.石家庄:河北美术出版社,2015.

[18] 龙燕.商业空间设计［M］.沈阳:辽宁美术出版社,2015.

[19] 杨浩然.商业空间设计［M］.上海:上海交通大学出版社,2012.

[20] 殷智贤.特色商业空间设计［M］.北京:新星出版社,2014.

[21] 陈静凡.商业空间设计 店面与橱窗［M］.上海:上海交通大学出版社,2013.

[22] 王少斌.空间设计教学实践 商业空间设计与实践［M］.沈阳:辽宁美术出版社,2015.

[23] 张健,李禹.现代商业空间设计与实训［M］.沈阳:辽宁美术出版社,2009.

[24] 方园.商业空间设计 中式餐馆 西式餐厅 复合式餐厅［M］.北京:中国电影出版社,1999.

[25] 鲁睿.国际商业购物空间设计［M］.北京:知识产权出版社,2013.

[26] 王霖.不同视角下的环境设计研究［M］.长春:吉林人民出版社,2019.

[27] 高祥生.现代建筑入口、门头设计精选［M］.南京:江苏科学技术出版社,2002.

[28] 欧潮海.餐饮空间设计与实践［M］.武汉大学出版社,2017.

[29] 余源鹏.社区商业街项目开发全程策划［M］.北京:中国建筑工业出版社,2009.

[30] 刘生雨.城市公共空间视角下的互动体验式商业街区建构 [J].城市建筑,2016（6）.